庭院造景
施工指南

筑美设计———编著

江苏凤凰科学技术出版社·南京

图书在版编目（CIP）数据

庭院造景施工指南 / 筑美设计编著 . —— 南京 ：江
苏凤凰科学技术出版社，2022.9（2025.4重印）
ISBN 978-7-5713-3092-7

Ⅰ．①庭… Ⅱ．①筑… Ⅲ．①庭院－园林设计－指南
Ⅳ．① TU986.2-62

中国版本图书馆 CIP 数据核字 (2022) 第 146356 号

庭院造景施工指南

编　　　著	筑美设计	
项 目 策 划	凤凰空间 / 杜玉华	
责 任 编 辑	赵　研　刘屹立	
特 约 编 辑	杜玉华	

出 版 发 行	江苏凤凰科学技术出版社
出 版 社 地 址	南京市湖南路 1 号 A 楼，邮编：210009
出 版 社 网 址	http://www.pspress.cn
总 经 销	天津凤凰空间文化传媒有限公司
总 经 销 网 址	http://www.ifengspace.cn
印 刷	北京博海升彩色印刷有限公司

开　　　本	787 mm×1 092 mm　1 / 16
印　　　张	13
字　　　数	208 000
版　　　次	2022 年 9 月第 1 版
印　　　次	2025 年 4 月第 8 次印刷

标 准 书 号	ISBN 978-7-5713-3092-7
定　　　价	88.00 元

图书如有印装质量问题，可随时向销售部调换（电话：022-87893668）。

前言

庭院是建筑的附属场地，是人对高品质生活和自然的向往。庭院作为实用、美观的综合休闲空间，深受广大民众喜爱。庭院设计施工所包含的内容较多，且要在有限的空间内，处理好环境气候、光照时间、土壤酸碱度、植物生长周期等问题。

目前，庭院设计在中国的一二线城市及江浙沪地区的发展比较快，材料与施工配套服务十分健全，先天条件较好，设计思维能与国际潮流接轨。尤其是材料品种繁多，可供选择的范围大，能在施工中变换出各种造型，采购也十分方便。但是在三四线城市，由于地理位置等原因，庭院设计施工水平发展缓慢。要想全面提高庭院设计施工水平，可以从以下3点出发：

1. 基础要牢固。所有庭院施工项目都必须具备基础构造，大到庭院围墙、阳光房、雨棚，小到防腐木地板、家具、灯具设施等，都要制作坚固的基础支撑，这是庭院设计施工的根本。

2. 设计施工层次要丰富。在庭院的施工过程中，应大量采用多种材料，设计多种结构相互穿插，不能只使用某一种材料或某一种工艺，否则会影响整体结构的牢固度。例如，在地面铺装砖石，从下到上的材料依次为素土、中砂、碎石、混凝土、水泥砂浆、砖石，这套烦琐的铺装工艺能确保地面铺装的牢固性与长久性。

3. 设计施工要具有形式感。庭院的外部装饰应该多样化，尽量避免给人带来枯燥感。例如，在庭院进行绿化栽植，应当搭配高大的乔木、低矮的灌木、绚丽的花卉、平整的草坪，采取多位一体的设计布置，让多种绿化植物相互搭配，彼此呼应，形成不同的视觉审美。

本书围绕以上3点，分为8章，循序渐进地讲解了庭院设计施工的重要知识点，包括设计风格、设计要素、施工材料、土方规划施工、地面铺装施工、墙面装饰构筑物施工、砌筑构筑物施工、大门安装、围栏安装、围篱工程施工、防腐木凉亭施工、廊架施工、阳光房施工、雨棚施工、木工基础技能、观赏性构筑物施工、休闲座椅制作、小型围栏制作、山石水景施工、草坪施工、绿植种植、花卉种植养护等内容。书中不仅分点阐明施工难点，还在每张施工图片下配有讲解文字，同时搭配大量三维构造详图，清晰明确地展示了施工步骤与方法。全书配备的案例能使读者更直观地了解庭院施工工艺，此外，书中还穿插有拓展读者视野的小贴士。

庭院设计施工虽然是当今中国建筑界向外拓展的新门类，距拥有健全完整的行业体系还需一定时日，但其发展前景十分可观，因此需要更多优秀的设计人员加入，让庭院设计变得更加大众化、个性化、国际化。本书作为庭院设计施工的指导用书，希望对设计、施工人员有一定的帮助。

筑美设计

目录

1

庭院风格要素和设计基础 · · · · · · 9

2

庭院施工材料 · · · · · · 31

3 庭院基础构筑物施工 ······································· 55

6 庭院小型构筑物施工 137

7

庭院山石水景施工 153

8

庭院绿化施工 179

庭院风格要素和设计基础

本章导读

庭院创意设计要上档次，必须有明确的风格倾向，只有风格确定了才能更好地凝聚各种设计要素与精华。随意布置的庭院没有底蕴，很容易被时间淘汰。在庭院设计施工中，还要遵循庭院设计的审美原则，要能根据庭院面积与实际所需选择合适的布局方式，以及材料、家具、构造、配饰等，从而塑造一个具备创意性与个性化特征的庭院。

1.1.1　简约随意：现代风格庭院

现代风格即简约风格，这种风格的庭院追求简约美，没有明确的设计倾向，通常只要不是很典型的规则设计，都可以同现代风格庭院相搭配。

 布局灵活

现代风格适用于面积较小的私家庭院，这类庭院布局自由，多采用简单的几何图形如矩形、三角形、圆形等为主要轮廓，通过相互组合、穿插、交错、叠加，最后塑造出内容丰富的庭院空间。

面积较小的庭院多以中轴道路为核心，左右两侧分别布置草坪、绿化、花坛、水池等，结构简约，只是在高低层次上有所区别；面积较大的庭院则可布置大型水景喷泉、游泳池等，道路多呈曲折状。

 特色设计元素

现代风格的庭院色彩对比十分强烈，所选用的陈设配饰有一定的高级感，雕塑品、艺术花盆、家具等都是庭院设计中会运用到的元素。地面铺设多选用天然石材、木板、混凝土等材料制成的几何形体，用钢材、不锈钢、水泥砂浆、混凝土及经过镀锌处理的材料饰边，用玻璃与钢丝等工业感较强的材料饰面。

现代风格庭院布局

现代风格庭院主要是运用质感的对比，利用小品色彩活跃气氛，同时搭配简单抽象元素，从而突出庭院的新鲜时尚与超前感，并利用绿化植物柔化坚硬建筑材料，塑造更好的视觉效果。

现代风格庭院设计特色

LOFT 风格庭院

LOFT 指的是那些由旧工厂或旧仓库改造而成的，少有内墙隔断的高挑开敞空间，它具有流动性、开放性、透明性、艺术性等特征。LOFT 风格属于现代风格中的一种，该风格的庭院常用玻璃、砖石、水泥、金属、木材等装饰材料相互搭配，形成强烈的质感对比。例如，不锈钢与人造皮革相搭配，玻璃与石材相搭配。这种搭配方式既能高度吸引人的注意力，又能产生一种干净利落的效果。

1.1.2　纯粹自然：田园风格庭院

田园风格是一种贴近自然、向往自然的风格，这种风格以田地与园圃特有的自然特征为形式手段，这种风格的庭院带有农村生活或乡间艺术特色。目前我国流行的田园风格主要有英式、法式、美式等。

 英式田园风格庭院

英式田园风格庭院的布局比较规整，多以大面积草坪为主，设计意图在于追求开阔的视野。庭院内的绿化植物以低矮的灌木为主，墙面则多采用石材砌筑或铺贴仿石瓷砖，造型简单。庭院内摆设的家具以奶白、象牙白等白色为主，户外家具多采用高档的桦木、楸木等制作框架，通过金属螺栓固定连接处，也有部分会采用金属桌椅，但其表面会涂饰白色油漆。

英式田园风格庭院比较容易塑造，平整的草坪加上低矮、整齐的灌木，适当种植几棵乔木，周边墙面铺设石材或仿石瓷砖，再适度点缀些具有异域风情的陈设品即可。

英式田园风格庭院在园艺材料的选择上，多偏向自然、不复杂的素材，在庭院内除了树木、草坪外，最常见的便是各种多年生的开花植物，如玫瑰、绣球、天竺葵、虞美人等，这些植物可有效点缀庭院。

英式田园风格庭院 1

英式田园风格庭院 2

法式田园风格庭院

法式田园风格追求心灵的自然归属感，旨在利用制作精细的配饰，来衬托庭院内安逸、舒适的氛围。庭院中遮雨部位可以大量使用碎花图案的布艺与挂饰，墙壁上还可挂置壁灯、花盆、壁画等来做点缀。法式田园风格庭院中同样会摆设桌椅等家具，这些庭院家具追求细腻的转角线条，色彩不限，且家具的洗白处理与大胆配色，也能赋予庭院更具艺术性的视觉美感。

法式田园风格庭院

法式田园风格庭院的塑造比较复杂，主要通过细节来表现，庭院内草坪多为自然生长状态，绿化则以灌木为主，可适当选用亚热带或热带阔叶植物，这类植物具有较好的遮阴效果。

自由生长的绿植、花卉是法式田园风格庭院的主体，庭院的色彩比较浓重，墙面可以根据实际条件制作壁泉或叠水景观，或在墙面、立柱上挂置花盆、花篮，并配置色彩丰富的鲜花，这种设计也能增强庭院的美感。

法式田园风格庭院 2

3. 美式田园风格庭院

　　美式田园风格也被称为美式乡村风格，倡导回归自然，追求田野与园圃特有的自然特征。美式田园风格庭院注重私密空间与开放空间的区分，多选择做工精细、质地坚固、具有一定设计感的家具，如线条自由的手工家具，家具通常简化装饰线条，主要材料为实木、手工纺织物、自然裁切的石材等。庭院绿化则多以平整的草坪为主，周边围栏较低矮，灌木应用较少。

美式田园风格庭院

> 美式田园风格庭院的塑造核心在于宽大的餐桌，庭院大部分面积被砖、石等铺装材料覆盖，常采用木质栅栏、地板，也可以将它们涂刷成白色。

美式田园风格庭院材料应用

> 美式田园风格适用于面积较大的庭院，这种风格力求表现悠闲、舒畅、自然的田园生活情趣，多选用天然木、石、藤、竹等材质。

1.1.3　清新高雅：中式古典风格庭院

中式古典风格庭院主要分为北方皇家庭院与江南私家庭院两种类型，其中江南私家庭院注重诗画情趣、意境创造与文化积淀，审美多倾向于清新高雅的格调。

 多变的庭院布局

中式古典私家庭院在庭院布局上注重分区，庭院内部被山石、水景、构筑物、绿化这四大要素分为多个主题区，在整体布局上追求主体多样，有起有伏。例如，可选用太湖石、灵璧石等名贵石料砌筑假山，石料之间相互穿插、叠压；或在山石间配置小型流水景观，形成有主有次的庭院景观。

在较开阔的庭院空间中布置水池景观，池岸辅以山石，山石之上设置绿植，既能有效防止岸边泥土脱落至水中，又能增添游览趣味。

绿植和山石布局设计

水景、山石和绿植布局设计

在山石景观周边可以种植多种乔木、灌木，种植密度大些，能有效遮挡住山石景观与其他庭院空间之间的视线，营造出林荫小道的神秘氛围。

利用配饰强化氛围感

　　为了与中式古典风格住宅相搭配，中式古典风格庭院中的陈设、构件等也多采用木质材料，如木质隔断、围栏、雨棚等。大型配饰则多选用混凝土，如大型围墙、亭台等。小品配饰多选用石质材料，如椅凳、花盆、台阶、桥梁等。

　　中式古典风格庭院中的家具陈设追求对称美，庭院内的家具、配饰等要能与环境相协调，可将字画图案转变成石雕、木雕，再配以精致盆景，穿插各种小品，这样庭院的氛围感也会更强。

　　中式古典风格庭院中还会少量地运用现代元素，在小品或家具的选择上，多会运用莲花、龙凤、蝙蝠、鹿、鱼、鹊、梅等装饰图案。

中式古典风格庭院配饰图案

　　木质休闲亭与石质墩子的搭配，是冷与热的碰撞，富有古典韵味的木质桌椅也能较好地烘托出庭院的高雅美。

中式古典风格庭院亭台设计

1.1.4 平和宁静：日式风格庭院

日式风格庭院旨在塑造一种平和、宁静的休闲环境，常见的日式风格庭院主要有枯山水庭院、洄游式庭院、茶道庭院等。

具体分类

（1）枯山水庭院

它是指由细砂、碎石铺地，配以叠放有致的瓜米石所构成的微缩式景观，偶尔也会运用到苔藓、草坪或其他自然元素。枯山水庭院中所运用的岩石多为单数，3到5块岩石为1组，需注重大小搭配；砂砾也多有运用，多将砂砾设计成不同的纹理，如曲线纹、花纹、螺旋纹等。

（2）洄游式庭院

规模较大，包含了日式风格庭院中所有的设计要素，如竹篱笆、山、园路、岛屿、景墙、水池、溪、桥、石灯笼、石水钵等，常用"借景""漏景"手法来进行空间布局；庭院内绿植多以常绿植物为主，如槭树、五针松、罗汉松、日本铁杉等。这种形式的庭院多会将四时观赏性景观与静谧自然的富有乡土气息的风景融为一体，从而凸显出庭院的趣味感。

（3）茶道庭院

强调内心洗尽铅华的淡然与坚强，寻求内心与精神上的安宁，这种形式的庭院会于道路旁设置石质洗手盆，包括低矮的蹲式洗手盆与高1m左右的立式洗手盆，其中立式洗手盆多设置于走廊、游廊或外廊处。

茶道庭院中还会应用不同造型的石灯笼与各种隔断。石灯笼主要起到照明与装饰的作用，同时也可与石质洗手盆相搭配。隔断则多以植物围篱为主，主要起到分隔空间、装点庭院的作用，由竹节、树皮、编织条、灌木杆、树枝等制成。

枯山水庭院中的主要景观构造是岩石，常采用花岗岩、片磨岩等有个性的石种或浅色系的沉积岩，为了强化庭院的造型美，还会应用浅灰色或灰白色的砂砾，不同纹理的砂砾具有不同的象征意义。

枯山水庭院

洄游式庭院

洄游式庭院的大部分面积由较大水面构成，这种形式的庭院会将驳岸和岛屿设计成弯曲、自由的不规则状，并适当增添石灯笼、石水钵、竹篱笆等配饰，扩大踏步石宽度，从而使庭院更具休闲感。

茶道庭院

茶道庭院中对竹材的运用极为广泛，有竹篱笆、竹围、竹帘、竹制流水筒等，它们与大门入口处种植的苔藓植物相搭配，既点明庭院是与外隔绝的私人空间，又凸显出日式庭院的风格特色。

2. 设计元素

日式风格庭院中运用到的设计元素主要有石钵、惊鹿、架空木平台等，实际设计时应综合庭院环境选用。

石钵

惊鹿

架空木平台

石钵多由花岗岩经过雕刻而成，既有原石天然造型，也有根据庭院整体面貌而自由设计的造型。

惊鹿又称添水、惊鸟器，是用竹筒制成的盛水装置，属于观赏小品，主要用于表现含蓄的禅意。

架空木平台能有效分隔室内外空间，多采用防腐木制作，主要设置于建筑外部。

1.1.5　雍容华贵：欧式古典风格庭院

欧式古典风格起源于欧式建筑，该风格多以华丽的装饰、浓烈的色彩、精美的造型，来达到雍容华贵的装饰效果，庭院面积则追求宽大，多采取中轴对称布局。

风格演变

（1）文艺复兴风格庭院

主调为白色，多采用古典弯腿式家具，庭院中各种构筑物不露结构，强调表面装饰。墙面多采用壁画、浮雕装饰，其他构筑物则多采用装饰线条，并饰以白边、金边。多运用细密的绘画手法，视觉上给人一种丰富、华丽之感。

（2）巴洛克风格庭院

具有豪华、动感、多变的视觉效果，空间上追求连续性。庭院四周、走廊上多放置雕塑与壁画，壁画、雕塑与庭院环境融为一体。设计敢于创新，善于运用透视原理，庭院整体色彩鲜艳、亮丽，光影变化也十分丰富。

（3）洛可可风格庭院

整体设计不讲究气派、秩序，多以小巧、实用、精致为主。庭院内灵活应用流畅的线条与唯美的造型，且尽量避免产生直角、直线、阴影。装饰色彩也多使用鲜艳娇嫩的颜色，如金色、白色、粉红色、粉绿色等。

（4）新古典主义风格庭院

发展于18世纪中期，外形更加简练，在庭院中多采用批量生产的家具、构件，能给人一种朴素、庄重的感觉。

> 欧式古典风格庭院最大特点是在构件的造型上极其讲究，庭院中所应用的喷泉台座、叠水、花台、雕塑、立柱、护栏等多采用石材或混凝土制作，造型细腻，能给人一种端庄典雅、高贵华丽的感觉，文化气息也特别浓郁。

2. 设计元素与特色

（1）构筑物与小品

欧式古典风格庭院多选用纪念喷泉、日晷、神龛、供小鸟戏水的柱盆、花草容器等作为装饰，雕塑、立柱、凉亭、观景楼、方尖塔与装饰墙等也有应用。

（2）绿植

欧式古典风格庭院的绿化植物多以低矮的灌木为主，且整体修剪得十分整齐，周边适当点缀高大的乔木，并赋予各种几何造型。

（3）家具

欧式古典风格庭院中会用到桌椅、秋千等家具，这些家具主要采用木质与金属材料制作，造型考究，且注意家具造型与地面铺设的木材或仿古砖等的相互匹配。

（4）色彩

欧式古典风格庭院中多会选用金黄色与棕色的配饰，庭院整体色彩经常以白色系或黄色系为基础，同时搭配墨绿色、深棕色、金色等，以衬托庭院的高贵与古典气息。

欧式古典风格庭院 1

欧式古典风格庭院 2

欧式古典风格庭院在整体上追求端庄、整齐的审美效果，庭院内会融入一些深色成品家具与构筑物，灌木修剪成型后排列也十分有序。其地面铺装则多以石材或仿古砖为主，也有部分会选用防腐木、鹅卵石。

1.1.6 浪漫自由：地中海风格庭院

地中海风格是近几年来流行的异域风格之一，这种风格的庭院具有鲜明的地域风情，其基本特征是色彩明亮，布置大胆，且具有一定的亲和力。

浅米色与深棕色组合

多变的色彩组合

地中海风格庭院主要采用3组典型颜色来搭配，即蓝＋白，黄、蓝紫＋绿，土黄＋红褐。在实际设计过程中，多会在庭院白墙上随意地涂抹修整，以形成特殊的肌理效果，在天空的映衬下，蓝与白交相辉映；庭院内家具则尽量采用低纯度色彩、线条简单且边缘浑圆的木质产品，色彩以黄色、蓝紫色与绿色为主；地面多铺赤陶地砖或具有天然石材色泽的仿古砖，色彩表现为土黄色与红褐色。

浅棕色配色调

浅米色与蓝色组合
不同的色彩应用

在光照充足的环境下，所有颜色的饱和度都会变得比较高，这也使色彩展现出最绚烂的一面，装饰效果也会比较好。

2. 装饰构筑物

地中海风格庭院多会有拱门、半拱门、马蹄状的门窗等构筑物，圆形拱门及回廊能给人有延伸效果的透视感。庭院墙面处多运用半穿凿或全穿凿的方式来塑造镂窗，且围绕成拱形构筑物，墙体、柱体、围栏上的线条更自由，这也使庭院环境更具自然感；庭院地面处则多铺设赤陶或石板，铺设没有很严格的要求，整体布局比较灵活。

对拱形构造物的应用

对马赛克的应用

马赛克在地中海风格庭院中算是较为华丽的装饰，主要利用小石子、瓷砖、贝类、玻璃片、玻璃珠等素材，对其进行切割处理后再进行创意组合，从而使庭院更具美感。

拱形构筑物可出现在地中海风格庭院内外，以及墙面转角、门窗洞口、游泳池边缘、花台基础等处，所有构筑物可以是非常小的，甚至袖珍化，这种设计能更好地满足现代生活情调。

3. 庭院绿植配置

地中海风格庭院中常栽种较多的爬藤类植物，在花丛间添置老树桩、竹筒、石头、绣铁罐等配件，能赋予庭院不同的历史人文味道，搭配独特的锻打铁艺家具，以及实用的藤制桌椅、吊篮等，也能更好地凸显出庭院悠闲自在的意境。

地中海风格在选择绿植时，以仙人掌、多肉植物、棕榈树、针叶类植物为主，一些木材、藤条则作为点缀，能够起到良好的衬托作用。

（a）庭院道路绿植

（b）庭院点缀绿植

庭院内绿植配置

1.1.7　简单自然：北欧风格庭院

北欧风格的庭院强调简单化的设计，注重天然、质朴、宁静的庭院氛围。在庭院设计中，摒弃了复杂、过度装饰的工艺，多采用简洁、朴素、有质感的家具，绿植的种类也十分丰富，比较贴近自然。

巧用中间色

由于黑、白、灰属于"万能色"，同任何色彩都能搭配出很好的视觉效果，且能起到良好的点缀作用，北欧风格的庭院多选用这类中性色作为过渡色，在设计中多通过明暗对比来打造不同的氛围。

> 与白色相比较，黑色看起来深沉、稳重，能展现出庭院设计上的尽善尽美。墙面采用攀附式绿植设计，也能满足人们亲近大自然的需求。

> 白色墙面与黑色花盆形成对比，深色木纹家具与白色座椅形成对比，鲜亮的绿色植物与灰暗的围栏形成对比，各个层次均能呈现出明暗对比关系。

夜晚庭院明暗对比

白天庭院明暗对比

②. 巧用绿植

　　有些绿植带有热带风情，能够很好地烘托庭院氛围。在设计中巧妙地应用这些绿植，能获取意想不到的视觉效果。

仙人掌	橄榄树	旅人蕉	尤加利
珍珠吊兰	鹤望兰	雪铁芋	龟背竹
橡皮树	散尾竹	千年木	巴西木

北欧风格庭院常用绿植

1.1.8　个性十足：混搭风格庭院

混搭并不是乱搭配，而是将一些不同风格、质地、文化背景的元素进行多样化组合，组成有个性的设计，在一个空间中展示出多样化的面貌。

混搭风格庭院在设计上非常讲究层次感，在视觉上追求美而不凌乱，层次丰富又充满艺术气息。在实际设计过程中，可根据自己的喜好，添加不同的设计元素。但需注意，整体设计必须符合形散而神不散的设计原则，必须有一个明确的主题，且必须有主有次。这样，庭院设计才会更具艺术性，最终形成的视觉效果也会更好。

现代风座椅与复古地板混搭

防腐木地板搭配多肉植物，田园氛围浓郁；现代风格的躺椅与波希米亚风格的地毯搭配，不仅毫无违和感，且能显得十分清新自然。

层次丰富的庭院

层层围合在视觉上容易形成焦点。采用定制的花坛设计，最外层为竹篱笆，将休闲空间包裹在中间，私密性极高。

和谐统一的庭院

混搭风格在装饰的形态、色彩、质感上都没有任何约束，在装修材质的搭配上，更是极其自由，金属、玻璃、瓷、木质等材质都可以很好地融合到同一个空间中。

1.2.1 丰富的设计要素

庭院设计要素主要包括绿化、山石、水景、构筑物等，具体说明如下：

绿化

绿化设计主要考虑两个方面。一是配置植物时，要考虑植物种类的搭配，树丛的组合，平面与立面之间的构图、色彩、季相、庭院意境等因素；二是需考虑庭院植物与其他要素，如山石、水体、建筑、道路等的组合效果。

山石

山石在庭院设计中主要起到稳固的作用，能有效提升庭院的重量感，其设计特点是以少胜多，以简胜繁，用简单的形式体现较深的意境。在庭院设计中，可以利用山石家具、山石花台等山石器具，通过与水景、绿植、构筑物之间的有机组合，从而形成不同的视觉效果。

庭院绿化

庭院绿化设计要具备一定的层次感，要能凸显庭院设计意境，要从地域适配性、经济性等角度出发，选择合适的绿植。

庭院山石

山石可设于草坪、道路旁，以石代桌凳；也可设于台、草坪上，既能标识方向，又能保护绿地；还可设于水际边，防止泥土落入水中。

❸ 水景

水景是以水为主的庭院景观，庭院水景多为人工水景，根据庭院空间的不同，可采取多种手法进行引水造景，如设置叠水、溪流、瀑布、涉水池等。水景设计主要有动态水与静态水这两种形式，前者能增强庭院环境的动感美，后者则能使庭院具备宁静的特征，动静结合也能使庭院更具层次感。

在进行水景设计时，要充分考虑安全性与可循环利用性，要保留、利用自然水体景观，并能使自然水景与人工水景融为一体。

庭院水景

❹ 构筑物

庭院构筑物可提供更多的观赏角度，像矮墙、平台、廊架、凉亭等既可划分庭院空间，又不会令庭院显得局促狭小，还可丰富人们的户外生活。

构筑物的形态必须与庭院面积、庭院风格等自然融合。

庭院构筑物

1.2.2 严谨的审美原则

庭院设计中需遵循的审美原则较多，现逐一阐述，见表1-1。

表1-1 庭院设计审美原则

审美原则	图例	具体阐述
保持统一		将没有联系的部分组成整体，如将建筑、景观、植物等都组合在一起，形成独立的连贯实体，在保持统一的同时要注意避免单调
建立主体		将1个元素或1组元素从其他元素中凸显出来，就产生了主体。主体元素应该与庭院中的其他元素有一些共同特征，可以有多个焦点，但不可设计太多
适当重复		在庭院中应适当重复某些造景装饰元素以求统一，同时应维持多样的视觉效果，在多样与重复之间应该达到一定的平衡
加强联系		将庭院中不同的元素连接到一起，从而形成连贯性装饰景点，这种方式常用于庭院立面设计，如灌木、栅栏或围墙等都可用于连接庭院中容易分离的元素
把握均衡		庭院中各部位都应有观赏景点或功能设施，在某一处装饰景点上需保持形态、大小的平衡。把握绿植的均衡性在绿化种植设计中效果明显，奇数株植可有效获得视觉上的均衡感
控制尺度		应尽量扩大亭或台的尺度，为建筑提供具有安全感的视觉基础，考虑观赏点的位置与视线的高度，视点越高，庭院的全局观赏效果越好
保持韵律		重复韵律是在庭院中重复布置1个元素或将1组元素创造出显而易见的次序；倒置韵律是进行特殊的美化交替，如大变小、宽变窄、高变矮、整变散等；渐变韵律则是使组合中重复的设计对象逐渐变化，重新组合
产生对比		将两种相同或不同的庭院设计对象做对照或互相比较，从而突出或强调局部景观，形成一种强烈的戏剧效果，营造一种鲜明、突出的审美情趣，包括水平与垂直对比、体形大小对比、色彩与明暗对比等
质地分配		合理分配庭院中表面结构粗细程度不同的材料，使其给人以美的感受。细质地：草坪、青苔砖石、光洁地面；中质地：小卵石地面、散铺碎石的松软泥土；粗质地：鹅卵石地面、粗叶树木、防腐木桥面、露台、篱笆、拉毛水泥墙面、砖或乱石砌筑的挡土墙等
提升趣味		创造一些具备观赏性与趣味性的不易被看见的景色或不易被参观的地点。在面积较小的庭院中，可创造低墙、漏窗、渐渐消失的小路或隐约藏着植物的空间，从而给予观者新奇的感受

1.2.3 灵活的庭院布局

1. 对称布局

对称式布局平衡且对称，庭院内设计一条对称轴，左右或前后的布局形式一样。对称轴可以是通行道路，也可以是花坛景观，只要保持构筑物对称即可。

对称布局

对称式布局匀称，且中规中矩，这种形式受法国古典主义风格与我国四合院庭院的影响，被列为规则式布局的典范。

2. 不对称布局

不对称布局不依靠常规装饰品或景物，而是通过不同位置的景观相互映衬来达到布局上的平衡，这种布局形式多流行于现代庭院中。

不对称布局

不对称布局是一种极具活力的设计形式，它适合各种风格的建筑，尤其是能塑造出完美的现代风格庭院。

3. 自然式布局

自然式布局适用于面积狭小的庭院空间，通过流畅的线条可以弱化原有规则边界带来的压抑感，但需注意庭院中心景观部分要与边缘景观之间相互协调，相互映衬。

设计自然式庭院的目的在于使庭院显得既丰富又简单，庭院前、中、后景之间的色彩应协调。

自然式布局

④ 成组式布局

在对称和不对称布局中都可以运用成组式布局，成组式布局是将成组的设计元素放在一起，形成独立的布局单元，这种布局方式能营造一种秩序感。注意在种植设计中，相同类型的植物要放在一起。

庭院中所有的设计元素，如铺地、围墙、栅栏、植物等，都可通过成组式布局营造秩序感，这些元素不应分散开。

成组式布局

1.2.4 高级的色彩搭配

庭院色彩主要起到烘托气氛、美化装饰与强调重点的作用。色彩搭配要突出设计个性，通过对材料、绿植等的合理配置，反映出庭院的风格特色。在实际设计施工过程中，可通过主从搭配、冷暖搭配、深浅搭配等方式来为庭院营造不同的氛围。

在选择材料、绿植等的色彩时，还需要充分考虑使用者的习惯，并需要结合住宅建筑的风格特色及使用者对不同色彩的生理、心理反应等。

主从搭配

冷暖搭配

深浅搭配

配色时要有主有次。主色调占优势，起支配作用，在设计庭院时应确定1种色调为主要色彩，其他色作对比点缀，这样才能形成变化，达到较理想的配色效果。

暖色用于营造温暖气氛，适合用于交谈、聚会的场所；冷色给人以凉爽感，适合用于学习、安静休息的场所；中性色明快自然，适用于散步、休闲的场所。暖色与冷色之间可以形成良好的对比，这种对比也能增强庭院的视觉美感。

深色给人以下沉感，让人觉得空间被拉伸了；木质本色、白色等浅色则能给人一种平静、开阔的空间感。可在明度较低的大面积深色环境中，适当点缀明度较高的色彩，这不仅能产生极强的视觉冲击力，而且可活跃庭院气氛。

1.2.5 实用的庭院照明

　　庭院照明是庭院设计中不可或缺的一部分，它不仅需要具备实用性，而且需兼具装饰性。在进行庭院照明设计时应当充分考虑造型、材料、色彩、比例等因素，通过合理地调控灯光的明暗、强弱、隐现等，赋予庭院不同的氛围。

　　庭院中应用较多的是安全照明与装饰照明，前者主要用以满足人在庭院内的日常活动需要，后者则用以装饰庭院环境，增强庭院美感。庭院照明应选择节能、环保、照度可控的照明灯具，灯光的照度也要根据庭院环境的变化而有所改变。

硬质景观中的灯具

在软质景观，如流水景观中，庭院照明可以很好地衬托庭院环境，灯光的光影变化与明暗变化也能有效增强庭院的视觉层次感。

庭院照明应用于硬质景观中时可以很好地突出绿植的特点，且能够在视觉上重新塑造绿植的色彩、形态与质感。

应用于水景处的灯具

应用于草坪边缘的灯具

设置在草坪、走廊、台阶、雕塑、建筑物周边等区域的照明灯具能很好地衬托庭院环境。

2

庭院施工材料

👆 本章导读

    庭院设计、施工、改造都离不开材料，庭院材料必须保证质量，除需具备一定的实用性外，还要讲究一定的装饰效果。外露材料的色彩需与庭院内部的绿植色彩有所区分，两者既要有对比性，又要有统一性，可在庭院中积极应用新型材料。

2.1.1 水路材料

1. PP-R 管

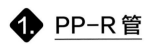

PP-R 管又称三丙聚聚丙烯管，是由无规共聚聚丙烯挤出成为管材，注塑而成的环保管材，该材料具有一般塑料管重量轻、耐腐蚀、不结垢、使用寿命长、无毒、可回收等特点。

PP-R 管的直径单位为 mm。有 ϕ20 mm（4分管）、ϕ25 mm（6分管）、ϕ32 mm（1寸管）、ϕ40 mm（1.2寸管）、ϕ50 mm（1.5寸管）、ϕ65 mm（2寸管）、ϕ75 mm（2.5寸管）等多种。

PP-R 管可用于庭院自来水或纯净水的给水管道，如盥洗用水、灌溉用水等管道，但不能用于污水再利用的管道。

PP-R 管

2. PVC 管

PVC 管（聚氯乙烯管）主要用于生活污水的排放管道，主要安装在庭院的地面下。常见 PVC 管的规格为 ϕ40 ~ 200 mm，常见管壁厚 1.5 ~ 5 mm，较厚的管壁还被加工成空心状，隔声效果较好。

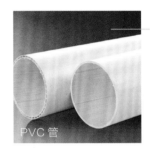

PVC 管

ϕ40 ~ 90 mm PVC 管可用于连接庭院拖布池、洗衣机、水槽等排水设备；ϕ110 ~ 130 mm 的可用于连接景观水池、阳光房的排水设备；ϕ160 mm 以上的则可用于庭院地下横向主排水管。

3. 铝塑复合管

铝塑复合管又称铝塑管，是一种中间层为铝管，内、外层为聚乙烯或交联聚乙烯，层间采用热熔胶黏合而成的多层管，具有耐腐蚀与耐高压的双重优点。适合用作临时浇灌的给水管。

铝塑复合管的常用规格有 1216 型与 1418 型两种。其中 1216 型管材的内径为 12 mm，外径为 16 mm，1418 型管材的内径为 14 mm，外径为 18 mm，长度为 50 m、100 m、200 m 等。

铝塑复合管管材内部平滑，耐腐蚀，不结水垢。可安装在明处，用于庭院分支管道，适合用作临时浇灌给水管。

铝塑复合管

2.1.2 电路材料

1. 单股线

单股线即单根电线，可细分为软芯线与硬芯线。内部为铜芯，外部包裹 PVC 绝缘层。需要在施工中组建回路，且需在穿接专用阻燃 PVC 线管后，方可进行具体的埋设工作。

单股线的 PVC 绝缘套有多种色彩，如红、绿、黄、蓝、紫、黑、白与绿黄双色等，在同一庭院工程中，电线的颜色与用途应一致。

单股线

2. PVC 穿线管

PVC 穿线管具有优异的电气绝缘性能，且安装方便，适合做各种电线的保护套管，使用率达 90% 以上。PVC 穿线管的规格有 $\phi16\,mm$、$\phi20\,mm$、$\phi25\,mm$、$\phi32\,mm$ 等多种，内壁厚度应大于或等于 1mm，长度为 3m 或 4m。为了在施工中有所区分，有红色、蓝色、绿色、黄色、白色等多种颜色。

在庭院中，单股线必须外套 PVC 穿线管，如需要将电线埋设在泥土、混凝土、水泥砂浆中，则必须外套 PVC 穿线管。

PVC 穿线管

3. 护套线

护套线是在单股线的基础上增加了同规格的单股线，成为由 2~3 根单股线组合为一体的独立回路。2 根单股线的护套线即 1 根火线（相线）与 1 根零线，外部同样包裹 PVC 绝缘套做统一保护。

护套线是庭院的主要用线，连接构造简单，适用于临时布线，多为白色、黄色或黑色，安装时可直接埋设到墙内，使用方便。

护套线

4. 接线暗盒

接线暗盒是采用 PVC 或金属制作的电路连接盒，由于目前各种电线埋入墙、地面或构筑物中，从外部看不到电线的形态与布局，从而能使庭院环境显得更美观、简洁。

接线暗盒

接线暗盒主要起到连接电线，过渡各种电器线路，保护线路安全的作用。其中金属接线暗盒适用于抗压强度较高的环境，如庭院中新构筑的混凝土或砖砌构筑物中。

⑤. 开关插座面板

开关插座面板是控制电路开启、关闭的重要构件，庭院中应选用带有防水盖板的插座，或在墙面已有插座上加装防水盖板，以保证使用安全。普通开关插座面板的规格为 86 型、120 型，前者面板尺寸约为 86 mm×86 mm，后者面板尺寸约为 120 mm×60 mm 或 120 mm×120 mm。

优质开关插座的面板多采用高档塑料，表面看起来材质均匀、光洁且有质感。劣质产品多采用普通塑料，颜色较灰暗。

开关插座面板

2.1.3 照明灯具

这里主要介绍庭院照明中会使用到的两种灯具：灯具发光体与成品灯具，见表 2-1。

表 2-1 庭院中的照明灯具

种类		图例	特点
灯具发光体	白炽灯		灯丝为螺旋状钨丝，灯丝温度越高，发出的光就越亮；灯泡外形有圆球形、蘑菇形、辣椒形等，灯壁有透明与磨砂两种，底部接口多为螺旋形；功率有 5W、10W、15W、25W、40W、60W 等多种，其中 25W 的普通白炽灯价格为 3 ~ 5 元／个
	射灯		采用卤素灯作为发光体，电功率高，光照聚集性好，光效、光色好，使用形式主要有轨道式、点挂式与内嵌式等多种；功率有 35W、50W、100W 等多种，常用射灯的灯杯规格为 ϕ 40 ~ 80 mm，其中 35W 的石英射灯价格为 10 元／个
	荧光灯		又称为低压汞灯，从外形上可以分为条形、U 形、环形等种类，条形荧光灯主要分为 T2、T3、T4、T5、T6、T8、T10、T12 等多种型号，功率从 6W 到 125W 不等，其中长 600 mm 的 T4 型荧光灯管价格为 15 ~ 20 元／个
	节能灯		又称为省电灯泡、电子灯泡、紧凑型荧光灯、一体式荧光灯，是一种新型环保产品，具有光效高，节能效果明显，寿命长，体积小，使用方便等优点，外罩有白、黄、粉红、浅绿、浅蓝等多种色彩，直管形节能灯功率为 3 ~ 240W，其中 8W 的节能灯价格为 15 ~ 25 元／个
	LED 灯		又称为发光二极管，具有使用安全、点亮无延迟、响应时间短、抗震性能好、无金属汞毒害、发光纯度高、光束集中、体积小、不发热、耗电量低、寿命长等优点；常用 LED 灯带功率为 3.6 ~ 14.4W／m，单色 LED 灯带价格为 10 ~ 15 元／m，筒灯或射灯造型的 LED 灯价格为 20 ~ 50 元／个

种类		图例	特点
成品 灯具	门顶灯		通常安装在门框或门柱顶上，与门柱等融成一体能增强大门的高大感，给人一种气派非凡的感觉。根据品牌与造型的不同，价格也会有所不同
	壁灯		主要分为枝式壁灯与吸壁灯两种，枝式壁灯的造型类似于室内壁灯，灯具总体尺寸比室内壁灯大，吸壁灯的造型也与室内吸壁灯相似，安装在门柱上时往往采取半嵌入式。根据品牌与造型的不同，价格也会有所不同
	门前 立柱灯		位于正门两侧，造型讲究，无论整体尺寸、形象，还是装饰手法等，都必须与庭院、住宅建筑的风格保持一致。根据品牌与造型的不同，价格也会有所不同
	草坪灯		放置在草坪边，有助于凸显草坪平整宽阔的美感，灯具外形尽可能艺术化，例如有的像大理石雕塑，有的像亭子。根据品牌与造型的不同，价格也会有所不同
	水池灯		具有较好的防水性，光源多选用卤钨灯，卤钨灯的光谱具有连续性，光照效果好。水池灯发光时，经水的折射会产生色彩艳丽的光线，能有效增强庭院水景的美感。根据品牌与造型的不同，价格也会有所不同

★ 小贴士

灯具选购

① 观察外观。仔细查看灯具上的标识，如商标、型号、额定电压、额定功率等，判断其是否符合使用要求。

② 防触电保护。注意灯具是否具备防触电保护功能，当灯具通电后，人应该触摸不到带电部件，不会存在触电危险。

③ 关注灯具结构。仔细观察灯具结构，导线经过的金属管出入口处应无锐边，以免割破导线，造成金属件带电，产生触电危险。

质地厚实的地面材料

庭院地面铺装材料价格不高，品种很多，铺装面积大，可根据庭院用途来选择。

2.2.1　砂石

砂石包括河砂与碎石，是调配水泥砂浆、混凝土的重要配料，具有一定形态的卵石、岩石等也可直接用于庭院中的砌筑或铺装施工，从而营造出特异的风格。

1. 河砂

砂是指在湖、海、河等天然水域中堆积而成的岩石碎屑，如河砂、海砂、湖砂、山砂等，粒径小于4.7 mm的岩石碎屑都可作为建筑、装修用砂。这种材料生产成本极低，但运输成本稍高。在大中城市，河砂价格为200元／t左右，也有部分经销商将河砂筛选后装袋出售，每袋约20 kg，价格为5～8元／袋。

河砂质量稳定，不会影响砌筑或铺贴的牢固度，需要经网筛后使用，该材料既可用于配制水泥砂浆，也可单独用于庭院铺装。

河砂

2. 鹅卵石

鹅卵石是河砂开采的副产品，属于纯天然石材，表面光滑圆整。能呈现出变化莫测的色彩。质地较好且色彩丰富的鹅卵石价格为3～4元／kg。

鹅卵石的粒径为25～50 mm，形态较完整的鹅卵石可用于庭院地面铺装，常见的鹅卵石颜色有黑色、白色、黄色、红色、墨绿色、青灰色等。

鹅卵石

2.2.2　水泥砂浆

水泥是一种粉状水硬性无机胶凝材料，加水搅拌成浆体后能在空气或水中硬化，主要用于将砂、石等散粒材料胶结成砂浆或混凝土，适用于黏结各种砌筑材料和墙、地面铺贴材料等。

1. 普通水泥

普通水泥是由硅酸盐水泥熟料、石膏、10％～15％混合材料等细磨而成，初凝时间为1～3h，终凝时间为4～6h。普通水泥的强度从弱到强分为3个等级、6个类型，即：32.5级、32.5R级、42.5级、42.5R级、52.5级、52.5R级。包装规格为25kg／袋，32.5级水泥价格为20～25元／袋。

水泥多采用编织袋或牛皮纸袋包装，颗粒越细的水泥，硬化速度越快，用于庭院施工的水泥多为32.5级、42.5级。

普通水泥

2. 彩色水泥

彩色水泥是在白色硅酸盐水泥熟料与优质白色石膏的基础上掺入颜料、外加剂，共同磨细而成。常用的彩色添加颜料有氧化铁（红、黄、褐、黑），二氧化锰（褐、黑），氧化铬（绿），钴蓝（蓝），群青蓝（靛蓝），孔雀蓝（海蓝）、炭黑（黑）等。

彩色水泥可用于庭院装饰构筑物表面施工，这种材料造型方便，易维修，但施工时易受到污染，使用的器械与工具必须干净。

彩色水泥

3. 白水泥

白水泥是将适当成分的水泥生料烧至部分熔融，再加入以硅酸钙为主要成分且铁质含量少的熟料，并掺入适量的石膏，细磨而成。这种材料强度不高，多用于填补墙地砖、石材的缝隙。包装规格为2.5～10kg／袋，价格则为2～3元／kg。

白水泥有32.5级、42.5级、52.5级3个等级，最低白度为87%，初凝时间最少为45min，终凝时间最少为12h，庭院中白水泥的用量不大。

白水泥

4. 水泥砂浆

水泥砂浆主要胶凝材料为水泥，并添加细骨料如天然河砂，常采用的水泥为32.5级、42.5级。作为勾缝或抹面用的水泥砂浆，最大粒径应为1.25mm。这种材料主要用于地面铺装、基础找平、构筑物砌筑，尤其能用于潮湿环境与水中的地面铺装。

水泥砂浆可用于庭院地面找平、构筑物砌筑，材料颜色呈深灰色。具体使用时，可掺入适量的添加剂，应随拌随用。

水泥砂浆

2.2.3　混凝土

在庭院施工中使用的混凝土是指用水泥作胶凝材料，用砂、石作骨料，与水（加或不加外加剂）按一定比例调配，经搅拌、成型、养护而成的水泥混凝土，这里将对其做简要介绍。

 普通混凝土

普通混凝土具有原料丰富、价格低廉、生产工艺简单、抗压强度高、耐久性好、强度范围广等特点。用于庭院地面的混凝土强度等级通常为C20、C25、C30。现代庭院施工会在施工现场调配混凝土，主要采用搅拌机进行加工。搅拌前应按配比要求配料，控制称量误差。搅拌时投料顺序与搅拌时间对混凝土质量均有影响，应严加掌控。

混凝土搅拌后要在2h内浇筑使用，浇筑梁、柱、板时，初凝时间为8~12h，大体积混凝土初凝时间为12~15h，浇筑后要注意养护。

普通混凝土

 装饰混凝土

装饰混凝土是使用特种水泥、颜料或彩色骨料，在一定工艺条件下制得的混凝土。既可在混凝土中掺入适量颜料或采用彩色水泥，使整个混凝土结构具有不同的色彩，又可只将混凝土的表面做成彩色。前者质量较好，但成本较高；后者价格较低，但耐久性较差。

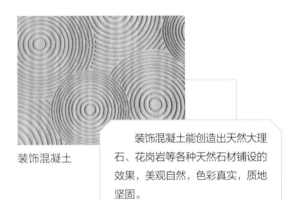

装饰混凝土

装饰混凝土能创造出天然大理石、花岗岩等各种天然石材铺设的效果，美观自然，色彩真实，质地坚固。

2.2.4　砖材

在庭院中，砖材多用于地面铺装，主要有页岩砖、混凝土砖、麻面砖、仿古砖等。

 页岩砖

页岩砖是由传统黏土砖发展而来的新型砖材，具有页状或薄片状纹理，用硬物击打易裂成碎片，可以再次粉碎烧制成砖。这种砖材的边角轮廓比较完整，适用于庭院地面铺装或非承重墙砌筑，属于环保材料。

标准页岩砖的尺寸为240 mm×115 mm×53 mm，优质品砖体平整、方正，外观无明显弯曲、缺棱、掉角、裂缝等缺陷。

页岩砖

2. 混凝土砖

混凝土砖又称混凝土砌块，具有一定孔隙，它以水泥为胶凝材料，添加砂石等配料，加水搅拌，振动加压成型，呈蓝灰色，标准尺寸为240 mm×115 mm×53 mm。这种砖材具有自重轻、热工性能好、抗震性能好、砌筑方便、平整度好、施工效率高等优点，但也易产生收缩变形，易破损，不便砍削加工。

混凝土砖

庭院中应用的混凝土砖多为表面染色的彩色产品，它不仅质地坚固耐磨，且色彩多变，能有效保持地面铺装的平整度。

3. 麻面砖

麻面砖又称广场砖，是采用仿天然岩石色彩的配料，压制成表面凹凸不平的麻面坯体后，经一次烧制而成的炻质面砖。正方形麻面砖常见边长为100 mm、150 mm、200 mm、250 mm、300 mm等，地面砖厚 10～12 mm，墙面砖厚 5～8 mm。

这种砖材表面纹理自然，粗犷质朴。砖材表面有白、白带黑点、粉红、果绿、斑点绿、黄、斑点黄、灰、浅斑点灰、深斑点灰、浅蓝、深蓝、紫砂红、紫砂棕、紫砂黑、红棕等多种颜色。

麻面砖

麻面砖耐磨、防滑，装饰性好，可用于庭院、露台等户外空间的墙面、地面铺装，也可用于庭院出入口、停车位、楼梯台阶、花坛等构筑物的表面铺装。

4. 仿古砖

仿古砖属于普通釉面砖，这种砖材具有一定的仿古效果，砖体强度高，具有极强的耐磨性，防水、防滑、耐腐蚀等性能也较好。

仿古砖的色调以黄色、咖啡色、暗红色、土色、灰色、灰黑色等为主，图案以仿木、仿石材、仿皮革为主，也有仿植物花草、几何图案、织物、墙纸、金属等。

仿古砖的规格与常规釉面砖、抛光砖一致，用于墙面铺装的仿古砖尺寸有 250 mm×330 mm×6 mm、300 mm×450 mm×6 mm、300 mm×600 mm×8 mm 等，用于地面铺装的仿古砖尺寸有300 mm×300 mm×6 mm、600 mm×600 mm×8 mm。

仿古砖

在现代庭院中，仿古砖可以用于面积较大的地面铺装，还可用于具有特殊设计风格的墙面、构筑物的铺装，宜选用成套系列的产品。

2.2.5　天然石材

天然石材主要包括花岗岩、大理石和青石板 3 种。

 花岗岩

花岗岩为岩浆岩或火成岩，硬度、抗压强度、耐磨性、耐久性均较好，且抗冻、耐酸、耐腐蚀、不易风化。

花岗岩表面通常被加工成剁斧板、机刨板、粗磨板、火烧板、磨光板等样式。剁斧板表面粗糙、凸凹不平，有条状斧纹，可用于防滑地面、地面分隔、构筑物表面铺装等；机刨板有相互平行的刨切纹；粗磨板表面平滑、无光泽，可用于需柔光效果的墙面、柱面、台阶、基座等部位，粗磨板防滑性较好，可用于露台的楼梯台阶或坡道地面；火烧板表面粗糙、多孔，防滑与抗污性较好；磨光板表面光亮、晶体纹理清晰，颜色绚丽多彩，可用于地面装饰分隔带。

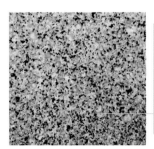

花岗岩表面平整、光滑，棱角整齐，色泽稳重、大方，在庭院中，多用于墙、柱、楼梯踏步、地面等的铺贴。

花岗岩

 大理石

大理石是指原产于云南大理的白色带有黑色花纹的石灰岩，剖面花纹类似于天然的水墨山水画。这种石材质地较软，可加工成各种形材、板材，主要用于庭院地面、构筑物铺装。

天然大理石的色彩纹理可分为云灰、单色、彩花 3 类，花色品种比较名贵的有白色、黑色、红色、灰色、黄色、绿色、青色、黑白色、彩色九大系列。

大理石的表面可以像花岗岩一样被加工成各种质地的，用于不同部位。在庭院中，大理石多以磨光板的形式存在，用于地面铺装；机刨板多用于楼梯台阶铺设；部分颜色、纹理不佳的大理石则被加工成蘑菇石，用于地面步行道、汀步铺装。

大理石质地细密，抗压性较强，吸水率小于 10%，耐磨、耐弱酸碱，不变形，花色品种繁多，可用于庭院各部位的石材贴面。

大理石

 青石板

青石主要是指浅灰色厚层鲕状岩与厚层鲕状岩中夹豹皮灰岩，表面呈浅灰色、灰黄色，新鲜面呈棕黄色及灰色，局部呈褐红色，基质为灰色，多呈块状及条状。

青石板厚度为 20～50 mm，边长 100～600 mm，表面平整，在庭院中，多用于地面、构筑物表面铺贴。

青石板

水泥人造石与水磨石

① 水泥人造石。它是以各种水泥为胶凝材料，砂为细骨料，碎花岗岩、碎大理石、工业废渣等为粗骨料制成的人造石材。这种砖材的抗风化能力、耐火性、防潮性等较好，价格低廉，花色品种繁多，可以被加工成文化石，铺装出各种不同图案或肌理效果。厚 40 mm 的彩色水泥人造石，价格为 40 ~ 60 元／ m^2。

② 水磨石。又称磨石子，是将大理石、花岗岩、石灰石碎片等嵌入水泥混合物中，经表面研磨抛光制成的平滑的人造石，多用于地面铺装。

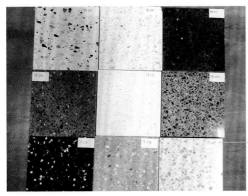

水泥人造石强度不及其他天然石材，不宜用于构筑物边角等易碰撞处，使用过程中需要注意养护。

水泥人造石

水磨石造价低廉，在施工中可任意调色拼花，使用性与防潮性较好，能保持庭院地面干燥，但耐污能力较差。

水磨石

美观实用的墙面材料

庭院墙面材料可分为饰面材料与构造材料。前者以铺贴、涂装材料为主，注重色彩、质地，要求表面具备防水、防霉功能；后者兼具使用与装饰双重功能，以漏、透形态为主。

2.3.1 墙面砖

1. 劈离砖

劈离砖又称劈开砖或劈裂砖，坯体密实，背面凹纹与黏结砂浆完美结合，黏结牢固。这种砖材强度高，吸水率小，表面硬度大，防潮、防滑、耐磨、耐压、耐腐、抗冻，性能稳定。

劈离砖的主要规格为 240 mm×52 mm、240 mm×115 mm、194 mm×94 mm、190 mm×190 mm、240 mm×115 mm 等，厚度为 8 ~ 13 mm，价格为 30 ~ 40 元／m²。

劈离砖

劈离砖色彩丰富，颜色自然柔和，可用于庭院户外空间的墙面、构筑物铺装，也可根据设计风格局部铺装在各种立柱、墙面上。

2. 彩胎砖

彩胎砖又称耐磨砖，是以彩色颗粒土为原料，混合配料后压制成多彩坯体，再经一次烧结成形。这种砖材表面纹点细腻，呈多彩细花纹，有红、绿、蓝、黄、灰、棕等多种基色。

彩胎砖多为浅灰色调，主要可用于庭院围墙、建筑外墙等，也可与玻化砖等光亮砖材组成几何拼花。最小规格尺寸为 100 mm×100 mm，最大规格尺寸为 600 mm×600 mm，厚度为 5 ~ 10 mm，价格为 40 ~ 50 元／m²。

彩胎砖

彩胎砖的市场占有率不高，质量比较均衡，表面富有天然花岗岩的纹理特征，吸水率小于1%，耐磨性较好。

3. 琉璃制品

琉璃制品

琉璃制品形态各异，整体价格低廉，主要可用于中式古典风格的庭院装修，如庭院围墙、屋檐、花台等构件的外部铺装。

琉璃制品是用难熔黏土制成型后，经干燥、素烧、施釉、釉烧而成。琉璃制品表面形成了釉层，既能增强砖材表面强度，又能提高防水性能，同时也能增强砖材的装饰效果。

在庭院中应用的琉璃制品种类繁多，除仿古建筑常用的琉璃瓦、琉璃砖、琉璃兽外，还有琉璃花窗、琉璃花格、琉璃栏杆等各种装饰制件。

2.3.2　涂料

油漆涂料是指能牢固覆盖在构筑物表面的混合材料，主要对构筑物起保护、装饰、标志作用。

❶ 腻子粉

腻子粉是指在油漆涂料施工之前，对施工界面进行预处理的一种成品填充材料，主要可用于填充施工界面的孔隙，矫正施工面的平整度。

腻子粉的品种十分丰富，知名品牌腻子粉的包装规格为 20 kg／袋，价格为 50 ～ 60 元／袋，其他产品的包装为 5 ～ 25 kg／袋，其中包装为 15 kg／袋的腻子粉价格为 15 ～ 30 元／袋。

庭院中若要塑造彩色墙面，可采用彩色腻子，这种腻子粉是在成品腻子中加入矿物颜料，如铁红，从而使腻子粉具备不同的色彩。

彩色腻子粉

❷ 清油

清油又称熟油、调漆油，是采用亚麻油等软质干性油，加部分半干性植物油，经熬炼并加入适量催干剂制成的浅黄色至棕黄色黏稠液体涂料。这种涂料可用于庭院构筑物表面涂饰，可有效保护木质构筑物不受污染。清油的品种单一，常用包装规格为 0.5 ～ 18 kg／桶，价格则为 10 元／kg 左右。施工时应控制好涂刷量，涂刷 3 遍以上即可。

清油可用作庭院中防腐木构造物与家具的底漆，这种涂料能很好地表现出木材的纹理，多用于硬木构筑物上。

清油

❸ 清漆

清漆又称凡立水，是一种不含着色物质的涂料，以树脂为主要成膜物质。涂料与涂膜均为透明质地，适用于装饰构筑物表面涂饰。干燥后会在构筑物表面形成一层光滑的薄膜，能充分显露出构筑物原有的纹理与色泽。

现代清漆多为套装产品，1 套产品包括漆 2 kg、固化剂 1 kg、稀释剂 2 kg，价格为 200 ～ 300 元／套，每套可涂刷 15 ～ 25m²。

清漆

清漆流平性较好，可用于庭院墙板、家具、防腐木地板、门窗等的表面涂装，可加入颜料制成磁漆，或加入染料制成有色清漆。

4. 厚漆

厚漆又称混油，是由颜料与干性油混合研磨而成的油漆产品，质地黏稠，需要加清油溶剂搅拌后才可使用。这种涂料使用简单，色彩种类单一，漆膜柔软，坚硬性较差，主要用于木质家具、构筑物的表面涂装。

现代厚漆多为套装产品，1 套产品包括漆 2 kg、固化剂 1 kg、稀释剂 2 kg，价格为 200 ~ 300 元 / 套，每套可涂刷 15 ~ 20 m²。

厚漆

厚漆遮覆力强，可以覆盖木质纹理，与面漆的黏结性好，可用于涂刷面漆前的打底，也可单独用于面层涂刷。

5. 乳胶漆

乳胶漆又称合成树脂乳液涂料，是以合成树脂乳液为基料加入颜料、填料及各种助剂配制而成的水性涂料。

庭院中所用的是外墙乳胶漆，有封固底漆与罩面漆等品种。前者能有效封固墙面，涂膜能有效保护墙壁，防止面漆咬底龟裂，适用于各种墙面基层；后者涂膜光亮如镜，耐老化，极耐污染，适用于墙角、墙裙等易污染的部位。

乳胶漆常用包装为 3 ~ 18 kg / 桶，其中 18 kg / 桶的产品价格为 150 ~ 400 元 / 桶，乳胶漆知名品牌还有配套组合套装产品，即配置固底漆与罩面漆，价格为 800 ~ 1200 元 / 套。乳胶漆的用量多为 12 ~ 18 m² / L，涂刷 2 遍。

外墙乳胶漆

外墙乳胶漆可自由调色，结膜性好，干燥速度快，耐碱性好，不返黏，不易变色，可涂于碱性墙面、顶面与混凝土表面。

6. 真石漆

真石漆又称石质漆，主要由高分子聚合物、天然彩色砂石及相关助剂混合制成。这种涂料具有防火、防水、耐酸碱、耐污染、无毒、无味、黏结力强、永不褪色等特点，能有效阻止外界环境侵蚀墙面。

在庭院中，真石漆主要用于庭院墙面、构筑物表面的涂装。常见桶装真石漆规格为 5 ~ 18kg / 桶，其中 25 kg / 桶包装的产品价格为 100 ~ 150 元 / 桶，可涂刷 15 ~ 20 m²。

真石漆色泽自然，施工简便，易干省时，且具备良好的附着力与耐冻融性能，特别适合在寒冷地区使用。

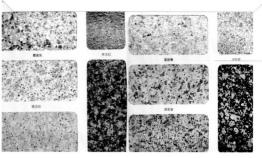

真石漆

7. 防水涂料

防水涂料主要涂刷在庭院水景构筑物中或住宅建筑表面，主要起到防水、密封作用。目前使用较多，质量稳定的防水涂料为硅橡胶防水涂料。

这种涂料具有较好的渗透性、成膜性、防水性、弹性、黏结性、耐高低温等性能，可在干燥或朝湿而无明水的基层进行施工作业。常见包装规格为 1～5 kg／桶，其中 5 kg／桶包装的产品价格为 150～200 元／桶，可涂刷 12～15 m²。

硅橡胶防水涂料

硅橡胶防水涂料可用于阳台、庭院、水池等室外空间界面防水，涂膜拉伸强度较高，对基层伸缩或开裂、变形的适应性较强。

8. 防潮涂料

防潮涂料是含有生物毒性药物，能抑制霉菌生长的一种防护涂料。这种涂料具有较强的杀菌、防霉作用与防水性。

在庭院中，防潮涂料可用于通风、采光不佳的角落或半地下空间的潮湿界面涂装，也可用于木质材料、木质墙壁等各种界面的防霉处理。常见包装规格为 5～20 L／桶，其中 20 L／桶包装的产品价格为 200～300 元／桶。

防霉涂料

防潮涂料多应用于适宜霉菌滋长的环境，能较长时间保持涂膜表面不长霉，且具备较好的防水、耐候性能。

9. 防锈涂料

防锈涂料是指保护金属表面免受大气、水等物质腐蚀的涂料，可分为物理防锈涂料与化学防锈涂料。前者靠颜料与漆料的适当配合，形成致密的漆膜以阻止腐蚀性物质的侵入，如铁红、铝粉、石墨防锈漆等；后者则靠防锈涂料的化学作用来防锈，如红丹防锈漆、锌黄防锈漆等。

现代防锈涂料多为套装产品，1 套产品包括漆 2 kg、固化剂 1 kg、稀释剂 2 kg，价格为 200～300 元／套，每套涂料可涂刷 12～20 m²。

防锈涂料可用于庭院中金属材料的底层涂装，如各种型钢、钢结构楼梯、隔墙、楼板等构件，涂装后表面可再做其他装饰。

防锈涂料

2.3.3 玻璃

1. 平板玻璃

平板玻璃又称白片玻璃或净片玻璃，按厚度可分为薄玻璃、厚玻璃、特厚玻璃。可通过着色、表面处理、复合等工艺将其制成具有不同色彩与各种特殊性能的玻璃制品。

平板玻璃的尺寸不低于 1000 mm×1200 mm，厚度通常为 2～20 mm，其中 5 mm 厚的平板玻璃应用最多，常用于各种门、窗，价格为 35～40 元／m^2。

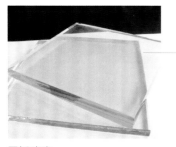

平板玻璃

平板玻璃具有良好的透视、透光性能，但是这种玻璃的热稳定性较差，在急冷、急热的状态下，易发生爆裂。

2. 钢化玻璃

钢化玻璃是以普通平板玻璃为基材，加热到一定温度后再迅速冷却制成的，具有很高的使用安全性能。钢化后的玻璃不能再进行切割、加工，其表面会存在凹凸不平现象。规格与平板玻璃一致，厚度通常为 6～15 mm，其中厚度为 6 mm 的钢化玻璃价格为 60～70 元／m^2。

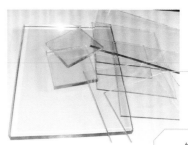

钢化玻璃

钢化玻璃可用于庭院阳光房、幕墙、装饰构筑物、围墙等部位，4～6 mm 厚的平板玻璃经过钢化处理后会变薄 0.2～0.5 mm。

3. 夹层玻璃

夹层玻璃是在两片或多片平板玻璃或钢化玻璃之间，嵌夹聚乙烯醇缩丁醛树脂胶片，再经过热压黏合而成，安全性较好。

这种玻璃的防护性较好，具有耐光、耐热、耐湿、耐寒、隔声等性能。规格与平板玻璃一致，厚度通常为 4～15 mm，其中厚度为 4 mm + 4 mm 的夹层玻璃价格为 80～90 元／m^2。

夹层玻璃可安装在庭院阳光房门窗与顶棚上，能起到良好的隔声效果，它还可减弱太阳光的透射，降低制冷能耗。

夹层玻璃

4. 中空玻璃

中空玻璃又称绝缘玻璃，由两层或两层以上的平板玻璃原片构成。这种玻璃具有较好的隔热、隔声、防结霜等性能，传热系数也较低，可用于庭院阳光房门窗上，价格较高，4 mm ＋ 5 mm（中空）＋ 4 mm 厚的普通加工中空玻璃价格为 100 ~ 120 元／㎡。

中空玻璃

中空玻璃中间为干燥气体，可为其涂上各种颜色或不同性能的薄膜，从而营造不同的视觉效果。

5. 玻璃砖

玻璃砖是将两块凹形半块玻璃砖坯相互对接，在高温与挤压的作用下使接触面软化，从而将其牢固黏结，形成整体空心的砖块。

这种材料强度高，耐久性好，可用于庭院外墙、外窗砌筑，能将自然采光与庭院景色完美融合。玻璃砖有多种规格，不同规格的玻璃砖尺寸不同，价格为 15 ~ 25 元／块。

玻璃砖

玻璃砖具有隔声、隔热、防水、节能、透光良好等特点，属于非承重装饰材料，装饰效果较好。

★ 小贴士

夹层玻璃与中空玻璃的区别

夹层玻璃是将两块玻璃简单地固定在一起，其隔热性能不高，常因潮湿空气进入而使夹层内起雾发花，甚至会结出霉点。因而会在两片玻璃间夹上带孔的铝条，并在铝条孔隙中放入颗粒状干燥剂，以期提高夹层玻璃的隔热性能。

识别中空玻璃的方法很简单，在冬季观察玻璃之间是否有冰冻显现，在春夏观察是否有水汽存在。通常嵌有铝条的均为夹层玻璃，中空玻璃的外框为塑钢而非铝合金。

2.4.1 防腐木

防腐木是通过抽真空与加压处理使木材防腐剂渗透至木材内层，从而使木材具有防腐性能的。这种材料能够直接接触土壤和潮湿环境，能在户外各种气候环境中使用 15～50 年而不腐朽。在庭院中，防腐木主要用于木地板、木栈道、木秋千等，可采用螺钉、螺栓固定连接。

防腐木的价格比较均衡，以 20 mm×88 mm×4000 mm（厚×宽×长）的花旗松炭化木为例，价格为 38～40 元／根。当应用于铺装木地板时，综合造价为 180 元／m² 左右；当应用于建造占地面积约 4 m² 的户外凉亭时，综合造价为 10 000 元／套左右。

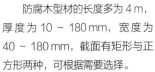

防腐木型材的长度多为 4 m，厚度为 10～180 mm，宽度为 40～180 mm，截面有矩形与正方形两种，可根据需要选择。

防腐木

防腐木应用

防腐木原材料的价格并不高，但用于加工的人工费、机械费较高。在庭院中，仅用于制作户外平台或木栈道。

★ 小贴士

防腐木树种

常见的防腐木树种包括樟子松、南方黄松、云杉、铁杉、红雪松、柳桉木等，樟子松可长期保存，应用最多；南方黄松木理纹路优美，强度高，耐磨损，防腐性好，常用于户外平台、步道、桥梁等设施的建造。

云杉纤维纹理细密，木节小，烘干后具有出色的抗凹陷和抗弯曲性能，强度与铁杉相似，且易于油漆与染色；铁杉可保持稳定的形态与尺寸，不会出现收缩、膨胀、翘起或扭曲，且耐磨、抗晒黑；红雪松稳定性极佳，使用寿命长，不易变形，适用于高湿度环境，可用于制作水景花台。

柳桉木结构粗，纹理直或斜面交错，易于干燥与加工，且易于着钉、油漆、胶合等；菠萝格稳定性较好，大径材的树根部颜色偏红、偏深，品质较好，小径材的树梢部颜色偏黄、偏浅，色泽较好，可应用于户外地板；炭化木具有防腐及抗生物侵袭的作用，不易吸水，含水率低，材质稳定，不变形，隔热性能好，施工简单，涂刷方便，无特殊气味。

2.4.2 山石

山石又称石头，泛指所有能作为建筑、装修材料的石头。这里主要介绍用于庭院的山石品种。

砌体石

砌体石是指专用于墙体、构筑物砌筑的天然石材，在庭院工程中，砌体石主要用于受压构件和底层室内景观，或户外庭院围墙、挡土墙，也可以用作住宅改造的承重墙与基础。

砌体石

砌体石价格低廉，为 20～30 元／吨，用于庭院中的砌体石宜选择形态完整，接近圆形、方形等几何形体的石材。

2. 观赏石

观赏石是指形态各异的自然山石，经过雕琢、修饰即能起到很好的装饰作用，多用于庭院小品、景观等制作。

（1）太湖石

又称窟窿石、假山石，是石灰石长时间遭侵蚀形成的，太湖石的具体价格主要根据石材的形态、体量、颜色、细节审美来定。

（2）英石

又称英德石，本色为白色，因为风化及富含杂质而出现多种色泽，有黑色、青灰色、灰黑色、浅绿色等，石料常间杂白色方解石条纹。在庭院中，英石多用于制作假山与盆景，体量可大可小。

太湖石

太湖石盛产于江苏太湖地区，转折造型自然、均衡，在我国各地的专业石材、园林市场均可购买到。

英石

英石产于广东英德，通常以纯黑色为佳品，红色、彩色为稀有品，石筋分布均匀、色泽清润者为上品。

（3）黄蜡石

又称龙王玉，因石表层内有蜡状质感、色感而得名。在庭院中，黄蜡石多用于庭院水景的驳岸，石料厚实，既可随意散置，又可用水泥砂浆砌筑成花坛、池坛等，体量较小的黄蜡石还可放置于清澈的池底，点缀鹅卵石作装饰，宜选择外观圆整、形体端庄的石料。

黄蜡石

黄蜡石主要产于广东、广西地区，石色纯正，质地以光滑、细腻为贵，颜色多为土黄、中黄。

（4）灵璧石

又称磬石，在庭院中，灵璧石多用于制作假山与盆景，体量较小，这种山石在我国各地的专业石材、园林、花木市场很难买到，且价格较高。优质灵璧石表面有特殊的白灰色石纹，纹理自然、清晰，石纹呈 V 形，且无红色、黄色砂浆附着。

灵璧石

灵璧石产于安徽灵璧县浮磬山，表面漆黑如墨，也有灰黑、浅灰、赭绿等色，石质坚硬，色泽素雅、美观。

③ 人工石

人工石是指经过人为加工的山石材料，这类山石大多不具备独特的装饰审美，价格相对较低，主要用于阳台、露台、庭院等空间的各个界面。

人工石中的典型代表是文化石，文化石主要分天然文化石与人造文化石两种。前者石质坚硬，色泽鲜明，纹理丰富，具有抗压、耐磨、耐火等特点；后者则是采用无水硅酸钙、石膏、陶粒等材料精制而成，具有环保节能、质地轻、色彩丰富、便于安装等特点。

人工石应用广泛，选购时不要选用砂岩类的石料，这类石料容易渗水，长期经受日晒雨淋，会很容易出现老化现象。

人工石

2.4.3　围栏

　　庭院围栏主要用于范围界定、防护围合、美化装饰，多安装在庭院边界、花坛和树木外围、楼梯台阶等部位。

铝合金围栏

　　铝合金围栏是采用铝合金冲压而成，这种材质的围栏可抵御较大的拉力与冲击力，柔韧性较好，表面有坚硬的铝氧化膜，色彩丰富，能使围栏具有极强的耐腐蚀性，价格通常为 300 ~ 400 元 / m²。

　　铝合金围栏可局部焊接，其他部位采用螺丝安装。这种围栏连接紧凑，无松散脱落现象，包装、运输、安装均很方便。

铝合金围栏

2. 锌钢围栏

　　锌钢围栏主要采用无焊穿插组合方式进行安装。这种材质的围栏表面经过喷塑处理，能形成完全封闭型钢，不会生锈，视觉效果良好，价格通常为 150 元 / m²。优质锌钢围栏表面应无凸凹、裂缝，且涂层细致、均匀。

　　锌钢围栏表面光滑、平整，线条流畅，色彩鲜明，具有超强的防腐性、耐潮湿性与耐候性，且清洁方便，不需保养。

锌钢围栏

3. 不锈钢围栏

　　不锈钢围栏采用不锈钢管焊接制作。这种围栏的结构分为主管与立管，其中主管的壁厚为 1.2 mm，立管的壁厚为 0.7 mm 以上，围栏的造价通常为 100 元 / m²。

　　在潮湿气候下，即使是不锈钢围栏，焊接点也会产生锈迹，要使边角无锈迹，需使用表面涂刷有防锈涂料的围栏。

不锈钢围栏

4. 铁艺围栏

铁艺围栏是采用型钢、钢筋、冷轧钢焊接的围栏。这种材质的围栏质地坚硬，围护安全，适用于庭院外部边界与大门，防盗功能与耐用性均较好。价格通常为 300 元 / m²，具有特殊花形的产品价格高达 500 元 / m²。

> 铁艺围栏的造型应迎合庭院的设计风格。优质品表面应无锈迹，且焊接部位已经过打磨，使用时注意做好维护。

铁艺围栏

5. PVC 围栏

PVC 围栏是采用聚氯乙烯塑料制作的围栏。这种材质的围栏无须油漆与维护保养，长新不旧，且对人无害，具有足够的强度与抗冲击性能，使用寿命可达 30 年以上。

PVC 围栏适用于庭院花坛、灌木丛周边围护，高度以 600 ~ 800 mm 为佳。高 600 mm 的 PVC 围栏价格为 70 ~ 80 元 / m，用于庭院外围的围栏高度可达 1900 mm，价格为 160 元 / m 左右。

PVC 围栏

> PVC 围栏综合成本低，制作安装简便快捷，主要采用承擦式连接或专有的连接配件安装。

2.4.4　配件辅材

配件辅材在庭院中起强化构件连接的作用，包括型钢、钢筋、钢丝、钉子、螺丝等。

1. 型钢

工字钢与槽钢可用于庭院辅助架空立柱、横梁、雨棚；角钢可用于大型型钢构件、金属围栏辅助构件，也可用作庭院电气设备安装的支撑构件；钢管可用作重型庭院构筑物的支撑构件；钢板则多配合工字钢、槽钢作为辅助焊接构件，主要起围合、封闭、承托的作用。

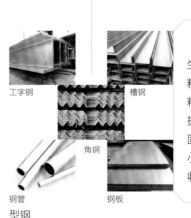

工字钢
槽钢
角钢
钢管
钢板
型钢

> 型钢加工产生的噪声小，粉尘少。这种材料所制作的结构拆除后，产生的固体垃圾量也较小，废钢资源回收价值高。

② 钢筋

钢筋是配置在钢筋混凝土及构件中的钢条或钢丝的总称，横截面为圆形或带有圆角的方形，主要起核心承载的作用。

常见的钢筋单根长度为 6 ~ 12 m，有光面钢筋与带肋钢筋。前者截断面呈圆形，轧制截面为光面圆形；后者外表具有凸出的肋，有螺旋形、人字形与月牙形 3 种。

> 钢筋可用于庭院中混凝土浇筑构筑物，如地面铺装找平、防腐木亭台基础等，也可用于铁艺围栏的焊接。

钢筋

③ 钢丝

目前用于庭院施工的钢丝主要有绑扎钢丝与钢丝网。绑扎钢丝可用于金属、木质基础构件的固定绑扎，如钢筋之间、木龙骨之间、钢材与木材之间等，能起到良好的固定作用。钢丝网可用于墙、地面等构件的基层铺装，能有效防止水泥砂浆、混凝土构筑物开裂，起到骨架支撑作用。

> 钢丝是用低碳钢或不锈钢拉制成的金属丝，庭院施工中的钢丝应选用热镀钢丝，优质钢丝的镀锌层不会被轻易摩擦掉。

钢丝

④ 钉子

（1）圆钉

圆钉又称铁钉、木工钉，一端呈扁平状，另一端呈尖锐状。主要用于木质脚手架、木梯、设备等的临时安装与固定。

圆钉

> 圆钉规格以长度与钉杆直径来表示，有标准型与重型之分。圆钉长度为 10 ~ 200 mm，钉杆 ϕ 0.9 ~ 6.5 mm，规格型号 10 ~ 200 号。

（2）水泥钉

水泥钉又称钢钉，以碳素钢为原料，经过拔丝、退火、制钉、淬火等工艺加工而成。主要用于砖砌隔墙、硬质木料等，但对于混凝土的穿透力不太大。

水泥钉

> 水泥钉的质地比较硬，粗而短，穿凿能力很强，长为 20 ~ 125 mm，钉杆 ϕ 1.8 ~ 4.6 mm。

（3）射钉

又称水泥专用钢钉，采用高强度钢材制作，质地坚硬，可以钉入实心砖墙或混凝土构筑物中，主要用于固定承重力较大的结构，如防腐木平台、阳光房等构件与住宅建筑之间的连接。通常采用火药射钉枪发射，射程远，威力大。

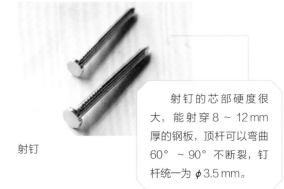

射钉

射钉的芯部硬度很大，能射穿 8 ～ 12 mm 厚的钢板，顶杆可以弯曲 60°～ 90° 不断裂，钉杆统一为 φ 3.5 mm。

 螺丝

（1）螺钉

其头部具有各种结构形状的螺纹紧固件，可用于木材与木材、金属与木材、塑料与木材、金属与塑料等不同材料之间的连接，多采用电钻施工。

螺钉

螺钉的常用长度规格为 10 ～ 120 mm，其中末端为平整状态的平头螺钉可用于五金件、塑料件、硬质木料之间的连接。

（2）膨胀螺栓

又称膨胀螺丝，是将重型家具、设备、器械等物件安装或固定在墙面、楼板、梁柱上所用的特殊螺丝连接件。

膨胀螺栓

膨胀螺栓主要由螺栓、套管、平垫圈、弹簧垫圈、六角螺母五大构件组成，多采用铜、铁、铝合金等金属制造。

3

庭院基础构筑物施工

本章导读

　　庭院基础构筑物施工难度不大，但是施工细节比较多，无论是土方规划施工、地面铺装施工，还是墙面装饰构筑物施工，均离不开对庭院地理条件与庭院设计要求的分析。在施工过程中，务必确保施工项目的完整性、安全性、科学性、实用性与美观性，以便塑造一个氛围更和谐，更适合庭院的环境。

土方规划施工是指对荒芜的庭院地面进行开挖、整平、坡地造景等施工，为后期植栽绿化植物、建筑施工打好基础。

3.1.1　了解土壤特性

土壤与土方构造的稳定性、施工方法、工程量、施工成本等有着密切的联系。土壤特性主要包括容重、自然倾斜角、密实度等，见表 3-1。

表 3-1　土壤特性相关知识点

土壤特性	具体内容
容重	天然状况下单位体积土壤的重量，在同等质地条件下，容重小，则土壤松散，容重大，则土壤坚实。土壤容重的大小直接影响施工的难易程度，容重越大，挖掘难度越大
自然倾斜角	土壤自然堆积，经沉落稳定后，土壤表面与实际地面之间形成的夹角，它会受到土壤含水量的影响。在设计庭院坡地时，为了保证构造物的稳定性，单边坡度不宜超过 30°，以保证起居活动的正常进行
密实度	密实度即土壤在填筑后的密实程度。为了提高土壤的密实度，通常采用人工或机械对土壤进行夯实，机械夯实的密实度为 95，人工夯实的密实度为 80 左右。在大面积填方，如堆山时，通常不加以夯实，而是借助土壤自重慢慢沉落。如果要在土壤上建造设施，则该土壤层必须夯实

红土多呈现褐红色，含水率比较高，密度比较低，但强度比较高，可通过施用石灰降低土壤酸性，也可通过施用绿肥改良土壤质地。

黑土肥力比较高，适用于种植大部分植物，在庭院使用黑土种植植物时，一定要做好保水措施。

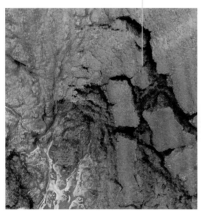

红土

黑土

3.1.2　实地考察规划

① 地形规划

在进行土方施工前，应当根据庭院地形，适当对地面坡度进行变化处理。除完全平整外，还可以考虑塑造假山，以丰富庭院景观项目。可以将靠近围墙处的地势加高，通过栽植树木，起到遮挡视线、保护隐私的作用。

庭院地形规划

在庭院自然形成的地形上可以堆砌大型石料，种植大型乔木，人工设计的地形则应比较缓和，可规划小型灌木与简单设施。

② 景观小品规划

庭院景观小品包括花架、穿廊、雕塑、亭台、水池等构筑物，在土方施工前，应标出这些构筑物的地面高度以及与周围环境的高差关系。这些构筑物应当结合庭院地形设计，施工以少动土方为前提，注意保证一定的观赏效果。

庭院景观小品规划

花架、穿廊的地形高度可与庭院地面持平，它们多建在由庭院大门向内的主要通道上方；雕塑、亭台的地势可以升高，以便获得较好的观景视线；水池地势应稍低，以便雨水汇集、排放。

③ 绿化植栽规划

在庭院中可以适当布置水景景观，以满足不同植物的生长习性，土方规划施工需要具备大局观，提前规划好绿化植栽的栽种范围。在地下水位较高的区域中栽植喜水的植物；在地下水位较低的区域，可以栽植耐旱植物。

如果庭院中只植栽小型灌木花卉，地形可以比较平整；如果庭院中准备植栽大型乔木，地形可以局部增高，以保证植栽的稳固性。

庭院绿化植栽规划

3.1.3 实施土方施工

庭院土方施工主要包括挖土、填筑、夯实3个方面的内容。

1. 挖土

当开挖的土壤含水量大且不稳定，或位置较深，抑或受到周围场地的限制时，则需用较陡的边坡或采取直立开挖方式开挖。若土质较差，则还需要采用临时支撑加固措施。应由上而下逐层挖土。不能先挖坡脚或逆坡挖土，以防塌方；也不能在危岩、孤石的下边或贴近未加固的危险建筑物下方进行土方挖掘。

挖土施工现场周边要求有合理的边坡，松土应小于或等于0.7 m，中等密度土质应小于或等于1.3 m，坚硬土质应小于或等于2 m，超过以上数值的，必须设支撑构架。

庭院挖土施工

2. 填筑

庭院施工可采用铁铲、耙、锄等工具进行回填土，由一端向另一端自下而上地分层铺填，每层先虚铺一层土，厚约300 mm，然后夯实。当有深浅坑相连时，应先铺深坑，与浅坑持平后再全面分层填夯。注意墙基、管道回填时，应在两侧用细土均匀回填、夯实。

土方填筑

庭院土方填筑宜从最低处开始，由下向上分层铺填碾压或夯实，填土应预留一定的下沉高度，以便在行车、堆重物或干湿交替等自然因素作用下，土体逐渐沉落、密实。

3. 夯实

夯实分为人工夯实与机械夯实。人工夯实施工时应先将填土初步整平，坑基回填应尽量平均。每层沙质土的虚铺厚度应小于或等于300 mm，每层黏性土应小于或等于200 mm；用打夯机夯实时，每层填土厚度应小于或等于300 mm，打夯之前需要对填土做初步平整，并依次夯打，使土壤均匀分布。

压实土壤

压实土壤必须均匀地分层进行，压实松土时应先轻后重，压实工作应从边缘开始逐渐向中心收拢，否则边缘土方外挤很容易引起土壤塌方。

★ 小贴士

土方工程量计算

在庭院两端各截取1个垂直于庭院中心线的横断面，算出平均横断面面积后，乘以截断线之间的直线距离，截断线之间的距离为1～10 m。

地面铺装施工

3.2.1 地面铺装基础

1. 铺装功能

地面铺装能使裸露的道路更具稳定性，铺装后的地面在下雨天也不会轻易产生泥泞，还降低了杂草生长率。同时，使地面更具美观性与整洁性，使庭院道路更具导向性，同时也能与植被相互融合，进而营造出自然、柔和的庭院氛围。

露台铺面

露台铺面多选用砖块、石块等材料，铺设有一定的规则，铺面整体感比较强。

植被区铺面

植被区铺面讲究乱中有序，植被的色彩不可胡乱搭配，要在视觉上有一定的平衡感。

道路铺面可自由铺设，也可按一定规则铺设，具有动感的铺面有一定的设计感，且能有效延伸路面。

具有动感的道路铺面

2. 砖块铺装的基本形式

砖块铺装形式多样，主要有放射状铺面、序列状铺面、工字形铺面、风车状铺面、人字形铺面、竹篮编织状铺面等。

放射状铺面艺术感比较强，所用砖块数量少，需要水泥砂浆来填补缝隙，施工时需保证放射面顶部的圆滑。

放射状铺面

工字形铺面错落有致，在视觉上能给人宽阔之感，注意砖块之间的缝隙宽度应一致。

工字形铺面

序列状铺面

人字形铺面是将两块长条形的砖块按照90°铺贴在一起，其中一块砖块的短边紧贴着另一块砖块的长边，整体形似"人"字，这种铺装方式流动感比较强，适合现代庭院使用。

序列状铺面砖块排列整齐，横、纵方向上的砖块铺装应处于同一行或同一列，缝隙宽度也应一致。

风车状铺面

人字形铺面

风车状铺面具有比较强的审美效果，这种铺装方式是由几块砖块组成一个单元，然后连续铺装而成的。

竹篮编织状铺面是根据竹篮编织脉络将四块长条形砖块铺贴在一起，在变化中有统一，统一中又有变化，这种铺装方式同样适用于现代庭院。

竹篮编织状铺面

③ 砖块铺装施工方法

（1）砂石填缝法

采用砂石进行填缝处理，能快速整平地面，施工效率高，要保证砂石之间的紧密性。

（2）砂浆填缝法

采用水泥砂浆作为粘贴材料，铺面牢固度高。砖块铺面填缝时也可以选用专用复合砂浆。

3.2.2 　砖石地面铺装

砖石地面铺装多选用高密度仿古砖、通体砖、天然石材、人造混凝土砖等砖材，铺贴规格较大。下面主要介绍砖石地面的铺装施工工艺。

① 施工步骤

具体步骤如下：清理地面基层→配制1∶2.5水泥砂浆待用→在铺贴地面洒水→放线定位→精确测量地面转角与开门出入口尺寸→裁切砖石→预铺设砖石并依次标号→地面铺设较干的水泥砂浆→砖石背面涂抹较湿的水泥砂浆→将砖石铺贴至地面→用橡皮锤敲击压固→用素水泥浆或专用填缝剂填补缝隙→用干净抹布擦拭砖石表面水泥浆→养护待干。

> 砖石地面铺装质量的好坏关键在于基层处理。在施工前，应当整平地面凹凸部位，尤其是墙角不平整位置；地面整平后还需刷1遍素水泥浆或直接洒水，注意不能积水，且当地面高差超过20mm时，还需用1∶3水泥砂浆找平。

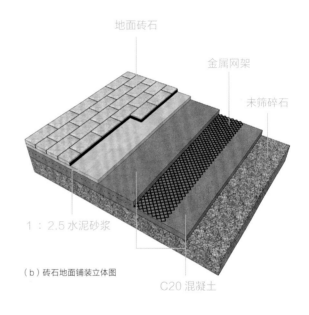

（b）砖石地面铺装立体图

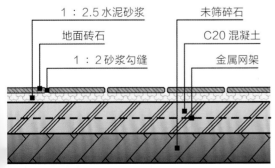

（a）砖石地面铺装剖面示意图

砖石地面铺装

（c）实景图

2. 施工要点

① 砖石铺设前必须进行挑选，选出尺寸偏差大的砖石单独处理或分区域处理，选出有缺角或损坏的砖重新切割后用来镶边或镶角，有色差的砖石可以分区使用。

② 铺贴砖石前应先进行仔细测量，需重点检查庭院地面的几何形状是否整齐，再以排列美观与减少损耗为目的，用计算机绘制出铺设方案，统计出具体砖石数量。

③ 砖石地面的平整度需用 1 m 以上的水平尺检查，相邻砖石高度差应小于或等于 1 mm，施工过程中要随时检查。

④ 砖石铺贴过程中其他工种不能污染或踩踏地面，勾缝需在 24 h 内进行，应做到随做随清，并做好养护与保护措施。

⑤ 在砖石的铺贴过程中，需注意砖石的空鼓现象应控制在 1% 以内，如果在主要通道上发现有空鼓现象，则必须返工。

⑥ 施工完毕后应保持地面清洁，砖石表面不可有铁钉、泥砂、水泥块等硬物，以防划伤表面。

将 1 : 2.5 水泥砂浆摊铺在地面，砂浆应是干性的，手捏成团稍出浆即可，粘贴接层厚度应大于或等于 12 mm，灰浆应饱满，不能出现空鼓现象。

砖石铺贴之前要在横、竖方向上拉十字线，铺贴时横、竖缝必须对齐，砖石缝宽宜为 1 mm，不能大于 2 mm。花坛、水池底边等交接处一定要严密，缝隙应均匀，砖石边与墙交接处缝隙应小于 5 mm。

砖石铺贴缝隙

摊铺水泥砂浆

用橡皮锤敲击砖石表面

砖石铺贴完毕后，需用橡皮锤敲击石材表面与四角，应使所有砖石表面处于平齐状态。

⑦ 地面砖石可以有多种颜色组合，釉面颜色不同的砖石可以随机组合铺装。可采用45°斜铺与垂直铺贴相结合方式，这也会使地面线条更丰富，空间的立体感更强。

> 砖石地面铺装形式多样，绿色砖块为标准尺度，即下方标注的单元组合尺度，红色砖块以穿插方式铺贴，也可替换成其他颜色，进一步丰富铺装效果。

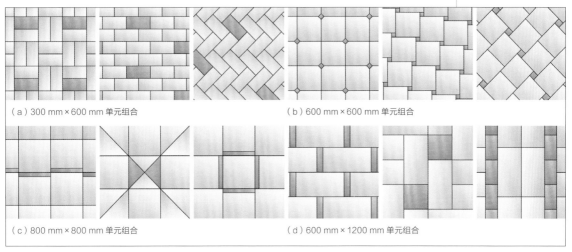

（a）300 mm×600 mm 单元组合　　　（b）600 mm×600 mm 单元组合

（c）800 mm×800 mm 单元组合　　　（d）600 mm×1200 mm 单元组合

砖石地面铺装参考图样

3.2.3　混凝土地面铺装

混凝土地面造价低，性能好，常铺装于园路、车辆停放场地。这种地面除了常规的铁抹子抹平、木抹子抹平、刷子拉毛外，还采用水洗石饰面与铺石着色饰面。为了避免单调，在铺装过程中还需适当设置勾缝来增添地面变化。

> 混凝土地面铺装时，应增加金属网架来提高整体地面的强度，这种地面铺装形式很适合庭院娱乐、休闲区域。

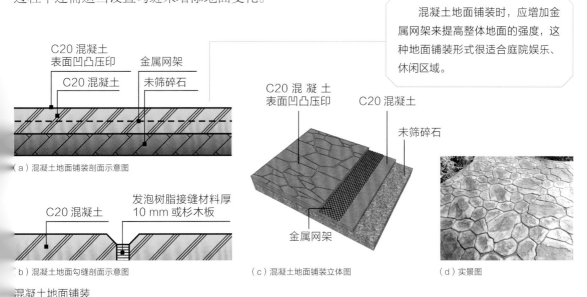

C20 混凝土
表面凹凸压印　　金属网架
C20 混凝土　　未筛碎石

（a）混凝土地面铺装剖面示意图

C20 混凝土

发泡树脂接缝材料厚10 mm 或杉木板

（b）混凝土地面勾缝剖面示意图

C20 混 凝 土
表面凹凸压印　　C20 混凝土
未筛碎石
金属网架

（c）混凝土地面铺装立体图

（d）实景图

混凝土地面铺装

★ 注：本书图中所注尺寸除注明外，单位均为毫米。

3.2.4 卵石地面铺装

卵石地面主要分为水洗小砾石地面铺装与卵石嵌砌地面铺装这两种铺装形式。

水洗小砾石地面铺装

水洗小砾石地面铺装是一种利用小砾石的色彩与混凝土的光滑特性的地面铺装，除庭院道路外，还用于人工溪流、水池的底部铺装。浇筑预制混凝土后，应待混凝土凝固 24 ~ 48 h 后，用刷子将其表面刷光，再用水冲刷，直至砾石均匀露明。注意地面的断面结构应视使用场所、路基条件而异，通常混凝土层的厚度宜为 100 mm。

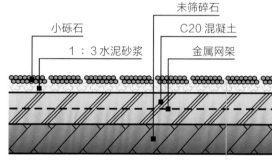

（a）水洗小砾石地面铺装剖面示意图

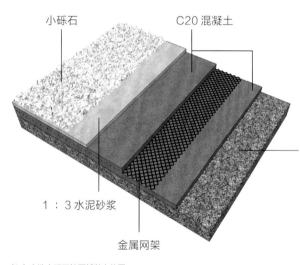

（b）水洗小砾石地面铺装立体图

小砾石与水泥砂浆的结合度要高，应避免无端脱离，这种地面铺装具有一定的弹性，且能很好地抑制杂草生长，很适合庭院地面铺装。

（c）实景图

水洗小砾石地面铺装

2. 卵石嵌砌地面铺装

卵石嵌砌地面铺装是在混凝土层上摊铺厚度为 20 mm 以上的 1 : 2.5 水泥砂浆，然后在其上平整嵌砌卵石，最后用刷子将水泥砂浆整平。这种地面经济又实用，很适合现代庭院。

卵石镶嵌应当紧密，以不露出水泥砂浆为宜，且卵石应当竖直插入水泥砂浆中，这是为了增强卵石与水泥砂浆之间连接的紧密性。

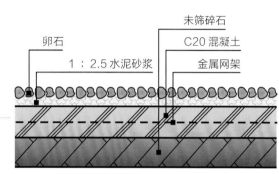

卵石　　未筛碎石　　C20 混凝土　　1 : 2.5 水泥砂浆　　金属网架

（a）卵石嵌砌地面铺装剖面示意图

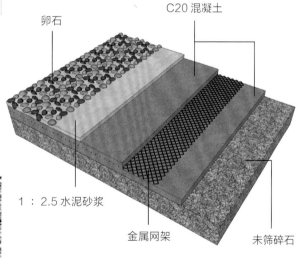

卵石　　C20 混凝土　　1 : 2.5 水泥砂浆　　金属网架　　未筛碎石

（b）卵石嵌砌地面铺装立体图

c）实景图

卵石嵌砌地面铺装

3.2.5 料石地面铺装

料石地面常用的天然石料有花岗岩、玄武岩、石英岩等，在可能出现冻害的区域，多使用石灰岩、砂岩等材料。这种地面能够营造出有质感、沉稳的氛围，常用于大面积庭院地面铺装。

料石地面铺装是在混凝土垫层上铺砌厚15~40 mm的天然石材，利用天然石材的不同品质、颜色、石料饰面与铺砌方法，组合出多种地面铺装形式，如方形铺砌、不规则铺砌等。方形铺砌的接缝间距宜为6~12 mm；铁平石等不规则铺砌的接缝间距宜为10 mm左右；观光地的石英岩、石灰岩等不规则铺砌地面，接缝间距宜为10~20 mm。

料石地面铺装完毕后，还需进行打磨等防滑处理。精磨饰面因其雨后防滑性差，基本不将其用于人行道路的处理。如果使用精磨饰面，则应提高表面的平整度，增加接缝数量与接缝宽度。

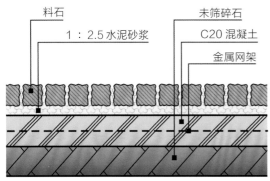

（a）料石地面铺装剖面示意图

料石地面铺装所选用的石材规格不一，如果是花岗岩，则可按设计图纸挑选，但石料的厚度多为25 mm，板岩、石英岩通常用于方形铺砌地面，石料的平面规格为300 mm×300 mm，或300 mm×600 mm，厚度多为25~60 mm。

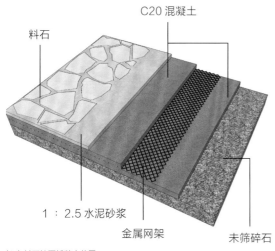

（b）料石地面铺装立体图

料石地面铺装

（c）实景图

3.2.6 砂石地面铺装

砂石地面多采用粒径 3 mm 以下的石灰岩粉铺成，在视觉上给人一定的粗糙感，但在庭院中仍能起到独特的装饰作用。这种地面弹性强，透水性好，且耐磨，能有效防止土壤流失，是一种柔性铺装方式。

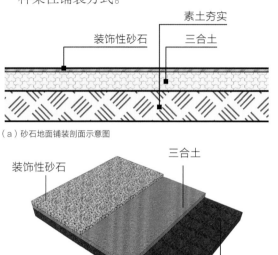

（a）砂石地面铺装剖面示意图

（b）砂石地面铺装立体图

砂石地面铺装

（c）实景图

砂石地面不适合行走，仅适合装饰，多用于日式庭院或现代庭院地面的局部铺筑，又由于雨水会造成石灰岩土的流失，因而纵向坡度较大的坡道地面不适合采用这种材料铺装。

3.2.7 塑料地面铺装

塑料地面美观、时尚，主要可分为环氧沥青塑料地面与弹性橡胶地面。

 环氧沥青塑料地面铺装

环氧沥青塑料地面是将天然砂石等填充料与特殊的环氧树脂混合后做面层，浇筑在沥青路面或混凝土地面上，然后抹光的约 10 mm 厚的地面，是一种平滑且兼具天然石纹色调的地面，多用于庭院、广场、池畔等路面铺装。

环氧沥青塑料地面的基层仍以混凝土为主，施工时应提前预留好缩胀缝，这种地面色彩丰富，很合面积较小的庭院。

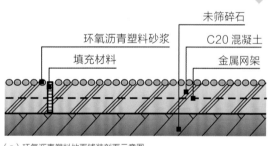

（a）环氧沥青塑料地面铺装剖面示意图

（b）环氧沥青塑料地面铺装立体图

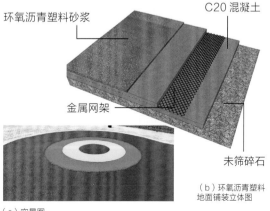

（c）实景图

环氧沥青塑料地面铺装

❷ 弹性橡胶地面铺装

弹性橡胶地面是利用特殊的黏结剂将橡胶垫粘在基础材料上，制成橡胶地板，再铺设在沥青地面或混凝土地面上。这种地面常用于庭院中的娱乐设施区域，地面铺装厚度多为 15 mm 或 25 mm。

> 弹性橡胶地面施工时，需注意橡胶地板拼接时应当紧密无缝，且铺装完成后需做好保护措施，地面上也不宜放置过重的物体。

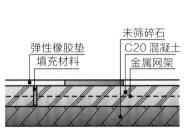

（a）弹性橡胶地面铺装剖面示意图

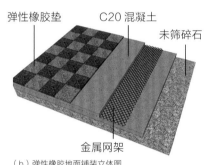

（b）弹性橡胶地面铺装立体图

（c）实景图

弹性橡胶地面铺装

3.2.8 防腐木地面铺装

庭院防腐木地面铺装所选用材料的尺寸、形状等不宜有过多的变化，在浸渍防腐液体后所做的任何加工，如钻孔、精刨、削切等工艺都可能使被浸渍的板材缩短使用寿命，因此宜选择造价低，厚度为 20～28 mm，板材宽度为 80～180 mm 的木材作为铺装原料。

庭院防腐木地面铺装施工时，龙骨间距宜为 500 mm，这是为了保证地板的正常使用与安全系数。通常可选用可见螺丝钉钉接、不可见螺丝钉钉接、地板模块拼接 3 种安装方式来铺装防腐木地板。

❶ 可见螺丝钉钉接

可见螺丝钉钉接工序是首先在整平的水泥地面上预先埋好楔，然后将龙骨固定在楔上，最后再将木地板的面板用防水螺丝固定在龙骨上。

❷ 不可见螺丝钉钉接

不可见螺丝钉钉接工序是首先在整平的水泥地面上预先埋好龙骨，然后将木地板的面板朝下，在预埋龙骨的位置两侧分别固定两根龙骨，这时用螺丝钉从龙骨向地板背后固定，最后再将地板面反转，与水泥地面的龙骨相嵌合即可。这种安装方式是看不见螺丝钉的。

❸ 地板模块拼接

地板模块拼接主要是将地板面板制作成 500 mm×500 mm 或其他规格的地板模块，整平地面，然后直接将模块铺设在地面上，最后加固整理即可。

防腐木的基础必须固定在混凝土上，不可固定在砂土或土壤中，安装时应随时用铁锤校正平直度。固定螺钉也应用电钻加固。混凝土立柱可伸出地面，但高度不应超过 800 mm，间距也宜为 800 mm。

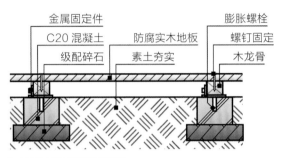

（a）防腐木地面铺装剖面示意图

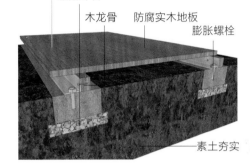

（b）防腐木地面铺装立体图

（c）实景图

防腐木地面铺装

3.2.9 草皮地面铺装

草皮地面指的是透水性草皮地面，主要包括草皮保护垫地面与草皮混凝土砌块地面。草皮地面可以与其他硬质铺装材料形成鲜明的对比，具有柔化环境的作用。

草皮保护垫地面铺装

草皮保护垫地面铺装是将一种由高密度聚乙烯制成，具备较强耐压性与耐候性，用于保护草皮生长、发育的开孔垫网有序地铺设在地面上，从而获得具备舒适脚感与视觉统一性的地面。

草皮混凝土砌块地面铺装

草皮混凝土砌块地面铺装是在混凝土预制块或砖砌块的孔穴或接缝中栽培草皮，使草皮免受人、车踏压的地面铺装。这种铺装方式多用于庭院中的停车位等场所。

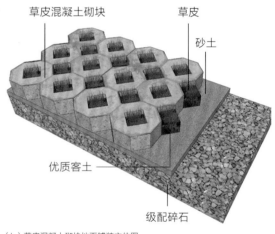

（b）草皮混凝土砌块地面铺装立体图

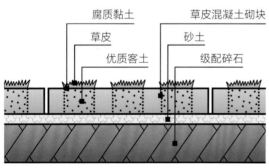

（a）草皮混凝土砌块地面铺装剖面示意图

混凝土砌块下方应配置砂土，以便杂草能够更好地生长，每一块混凝土砌块之间的间距应保持一致。

（c）实景图

草皮混凝土砌块地面铺装

3.2.10　沥青地面铺装

沥青地面成本低、施工简单、平整度高，常用于步行道、停车位、庭院等。这里所说的沥青地面包括透水性沥青地面与彩色沥青地面。

透水性沥青地面铺装

透水性沥青地面的面层是采用透水性沥青混凝土制成的，如果路基透水性差，则铺设时可在基底层下铺设一层砂土过滤层，厚度宜为50～100 mm。由于这种地面可能会被雨水直接浸透，造成路基软化，因此现在只将其用于人行道、停车场、庭院内部道路的铺装。

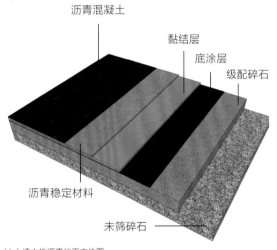

（b）透水性沥青地面立体图

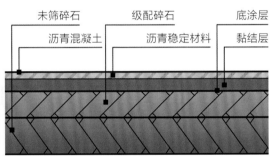

（a）透水性沥青地面铺装剖面示意图

透水性沥青地面在使用数年后多会出现透水孔堵塞、道路透水性能下降等问题，为了确保路面有一定的透水性，此类地面应经常进行冲洗养护。

（c）实景图

透水性沥青地面

❷ 彩色沥青地面铺装

彩色沥青地面抗压强度高，装饰效果好，其施工步骤与透水性沥青地面基本一致。这种地面通常可以分为两种，一种是加色沥青地面，厚度约20mm；一种是加涂沥青混凝土液化面层材料的覆盖式地面，常用于田园风格的庭院中。

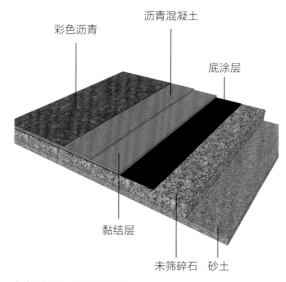

（b）彩色沥青地面铺装立体图

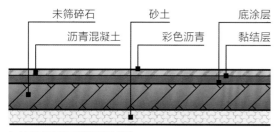

（a）彩色沥青地面铺装剖面示意图

（c）实景图
彩色沥青地面铺装

彩色沥青地面对基层的强度要求不高，但施工时仍需分两层铺设，一层为底涂层，一层为黏结层。这种地面承重性较好，可通行车辆，地面表面色彩与纹理也能有效丰富庭院的环境与氛围。

一顺砖一丁砖砌法又称为满条砌法，即1皮砖全部为顺砖，1皮砖全部为丁砖，且两皮砖相间隔砌筑，注意上下皮之间的竖缝均应相互错开1/4砖长。

全顺砖砌法又称为条砌法，即每皮砖全部采取顺砖砌筑，且上下皮之间的竖缝错开1/2砖长，这种砌筑方式仅适用于厚120 mm的单墙砌筑。

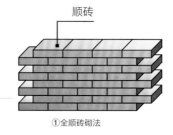

①全顺砖砌法

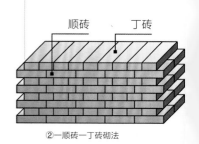

②一顺砖一丁砖砌法

砖墙砌筑方法

3.3.1 基础墙面砌筑

基础墙面是庭院的主要构件之一，主要起到承重、围护、分隔、装饰等作用。

砖墙砌筑

砖墙砌筑是指将普通砖使用水泥砂浆按一定顺序成组砌筑的一种砌墙方式，主要分为清水墙与混水墙两种。清水墙的墙面只需进行勾缝处理，无须再进行抹灰，砌筑难度较大；混水墙的墙体砌筑完成后，还须在墙的外表进行抹灰，抹灰难度较大。

庭院围墙厚度通常有 500 mm、370 mm、240 mm 几种。其中 240 mm 的厚度最为常用，花台、水池围合墙体厚度则有 120 mm、180 mm 两种。

（1）砌筑方法

砖墙砌筑要保证砌块上下错缝，内外搭接，以及整体性，且能节省材料。常见的砖墙砌筑方法主要包括全顺砖砌法、一顺砖一丁砖砌法、梅花丁砖砌法、三顺砖一丁砖砌法、两平砖一侧砖砌法几种。

> 整齐的砖墙具有较高的审美价值，很适用于中式古典风格的庭院。

砖墙

> 砖砌构筑物适用范围很广，砖砌花坛是庭院的重要组成部分。

砖砌花坛

> 三顺砖一丁砖砌法是连续 3 皮全部采用顺砖，另 1 皮全为丁砖，且两皮砖上下错缝砌筑，上下相邻两皮顺砖竖缝宜错开 1/2 砖长，顺砖与丁砖间竖缝宜错开 1/4 砖长。

> 梅花丁砖砌法是在每皮中均采用丁砖与顺砖间隔砌成，上皮丁砖放置在下皮顺砖中央，两皮之间竖缝相互错开 1/4 砖长，这种砌筑方法灰缝整齐，结构整体性好，比较适用于清水墙砌筑。

③梅花丁砖砌法

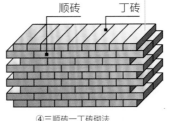

④三顺砖一丁砖砌法

⑤两平砖一侧砖砌法

> 两平砖一侧砖砌法是先砌 2 皮平砖，再立砌 1 皮侧砖，平砌砖均为顺砖，上下皮竖缝相互错开 1/2 砖长，平砌与侧砌砖皮间错开 1/4 砖长。

（2）施工步骤

砖墙砌筑的施工步骤为：放线定位→立皮数杆→盘角、挂线→砖体砌筑→勾缝、清面→全面整理→养护。

砌筑的前一天应对砌筑砖块与砌筑基础施水，配制出 1：3 水泥砂浆，并根据需要在水泥砂浆中添加防水剂。注意皮数杆长度应略高于砌筑墙体高度，两皮数杆之间的间距宜为 8m。且每砌筑 1.5m 高的砖墙就需及时进行勾缝并清扫墙面，勾缝时不宜将砖缝内的砂浆刮掉，而是需用力将砂浆向灰缝内挤压，将瞎缝或砂浆不饱满处填满。

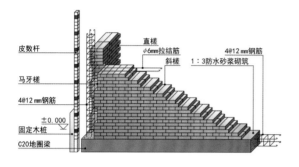

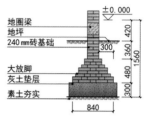

（a）砖墙构造示意图 1

（b）砖墙构造示意图 2

砖墙构造

满刀灰法砌筑砖体

砖面勾缝

勾缝时要掌握好时机，待砂浆干燥到 70% 后再进行，否则砂浆易被挤压到墙面上，造成墙面污染。

用满刀灰法砌筑墙体时要用水泥砂浆将砖块表面全部涂抹，这种方法砌筑速度较慢，但是用该法砌筑的墙体强度较高。

★ 小贴士

盘角与挂线

① 盘角又称砌大角，是用砖块对墙角进行错缝砌筑，施工时需随时用铅垂线与水平尺校正。

② 挂线是指以盘角的墙体为依据，在两个盘角之间的墙体挂水平线，两端绑砖块将线拉紧，为了不使线绳陷入水平灰缝中去，可以用 1mm 厚的薄铁片垫放在墙角与线绳之间。

（3）施工要点

砖墙砌筑具体施工要点如下：

① 基础墙体砌出地面后，应使用水平仪将水平基点引至墙的四角，并标出所引出的水平点与 ±0.000 标高。若地基不平整，则可用水泥砂浆或 C20 细石混凝土找平。

② 砖墙交接处不能同时砌筑时，应砌成斜槎，斜槎的长度应大于高度的 60%。临时间断处可留直槎，但直槎必须做凸槎，并应加设拉结钢筋。

③ 墙体厚度不同，拉结钢筋的数量也会不同，厚 120 mm 的墙体应放置 1 根 ϕ6 mm 的钢筋，厚 240 mm 的墙体应放置 2 根 ϕ6 mm 的钢筋，厚 370 mm 的墙体应放置 3 根 ϕ6 mm 的钢筋。钢筋的间距沿墙高应小于或等于 500 mm，且钢筋埋入的长度从墙的留槎处算起，每边均应大于或等于 1m，末端应有回转弯钩。

④ 为保证砖块各皮间竖向灰缝相互错开，必须在外墙角处砌七分头砖（3/4 砖长），砌筑时应分皮相互砌通，内角相交处竖缝应错开 1/4 砖长，并在横墙端头加砌七分头砖（3/4 砖长）；在墙的十字交接处，也应分皮相互砌通，交接处的竖缝宜相互错开 1/2 砖长。

★ 小贴士

砖块抹灰砌筑

① 挤浆法。该方法是先用砖刀或小方铲在墙上铺长度不超过 750 mm 的砂浆，单手持砖或双手持砖向中间挤压缝隙，然后用砖刀将砖与缝隙调平，依次操作即可，气温超过 30℃时，铺浆长度不应超过 500 mm。

② 满刀灰法。该方法主要用于花台、转角、砖拱等局部砌筑，施工时用砖刀挑起适量水泥砂浆涂抹在砖体表面，再将砖放在相应位置上固定即可。

---

❷ 混凝土砌块墙

混凝土砌块的形体较大，自重较轻，是大型庭院的主要砌筑用材。小型混凝土砌块主要包括实心砌块与空心砌块两种，实心砌块的砌筑方法与常规砖墙的砌筑方法类似，这里主要介绍空心砌块的砌筑方法。

砌筑混凝土砌块的效率较高，施工时应注意随时施水养护。

混凝土砌块墙整体的稳定性较好，砌筑时应当严格参照水平线控制砌体高度与墙面水平度。

混凝土砌块墙

混凝土砌块墙养护

（1）施工步骤

基层处理→放线定位→立皮数杆→拉水平线→砖体砌筑→墙面抹灰→勾缝、清面→全面整理→养护。

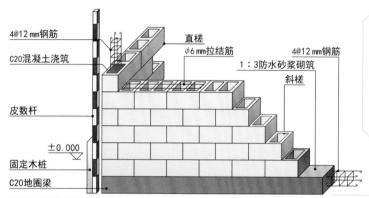

4@12 mm钢筋
C20混凝土浇筑
直槎
φ6 mm拉结筋
4@12 mm钢筋
1:3防水砂浆砌筑
斜槎
皮数杆
±0.000
固定木桩
C20地圈梁

混凝土砌块墙构造示意图

混凝土砌块墙构造相对比较简单，但为了增强墙体的稳固性，需要在墙角处添加钢筋混凝土，并保留地圈梁。砌筑时从外墙转角处开始砌筑，砌1皮校正1皮，砌筑砂浆应随铺随砌，砌体灰缝应横平竖直，饱满度应不低于90%。

每砌筑一皮就要放线定位，水泥砂浆涂抹应饱满，至少边缘要完全涂抹。

摆放砌块时应与下层砖块错开，所有砖块的垂直面均应保持平整。

放线定位

摆放砌块

（2）施工要点

混凝土砌块墙的施工要点如下：

① 施工前应将基础面或楼层结构面按标高找平，并放出墙体边线、洞口线等仔细检查，然后在墙角处设置皮数杆，皮数杆间距为8 m左右，在相对两皮数杆之间拉水平线，依线砌筑。

② 在砌筑前1天应对砌块进行施水，砌块的含水率应小于或等于25%，砌体含水深度以表层8 mm为宜，墙底部也宜现浇混凝土地台，高度应大于或等于300 mm。

③ 在基础顶面砌筑第1皮砌块时，砂浆应满铺，且砌筑形式应每皮顺砌，上下皮小砌块也应对孔，竖缝应相互交错1/2砌块长度。

④ 当气温高于30℃时，一次铺浆的长度不应超过500 mm，铺浆后应立即放置砌块，并应一次摆正找平，砌体灰缝应控制在8～12 mm。若有水平拉结筋，灰缝厚度应为15mm，灰缝砂浆应饱满。

竖向灰缝应在内外使用临时夹板夹住后灌缝，其宽度不应大于20mm，水平缝饱满度应大于90%，竖缝饱满度应大于80%。

砌块表面摊铺砂浆

砌体转角处的砌块应相互搭砌错缝，上下皮搭接长度应超过砌块长度的30%，且应大于或等于150 mm。

交错摆放砌块

⑤ 砌体的转角与交接处的各方向砌体应同时砌筑，对不能同时砌筑又必须留置的临时间断处，应留置斜槎。

⑥ 砌体接槎时要先清理基面，浇适量水润湿，然后铺浆接砌，并做到灰缝饱满，墙体长度超过 5 m 时要加构造柱，高度超过 4 m 时须加圈梁。

⑦ 浇筑芯柱混凝土时必须连续浇灌并分层捣实，一直浇筑至离该芯柱最上皮小砌块顶面 50 mm 为止，不能留施工缝。

⑧ 芯柱分层施工厚度宜在 400～600 mm，宜选用微型插入式振捣棒将空气捣出。

⑨ 芯柱钢筋应采用带肋钢筋，并从上向下穿入芯柱孔洞，通过清扫口与基础圈梁、层间圈梁伸出的插筋绑扎搭接，搭接长度应为钢筋直径的 50 倍。

⑩ 构造柱是墙体的重要支撑构件，在直线墙体上，应间隔 3～4 m 制作 1 个构造柱，柱体向外凸出。

⑪ 小型混凝土砌块墙每天砌筑高度应小于或等于 1.4m，停砌时应在最高 1 皮砖上压 1 层浮砖，待第 2 天继续施工时再将其取走。

3.3.2　墙面抹灰施工

抹灰饰面是将砂浆用抹子抹到砌筑物的表面，所用的砂浆主要有水泥砂浆或水泥混合砂浆。这种饰面不仅能有效保护砌筑材料和加强构筑物的强度，还有一定的美化装饰效果。

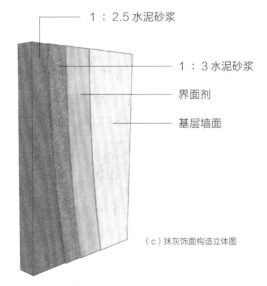

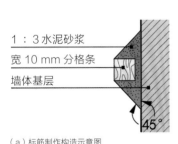

（a）标筋制作构造示意图

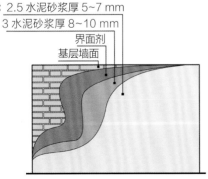

（b）抹灰饰面构造示意图
墙面抹灰构造

（c）抹灰饰面构造立体图

抹灰饰面底层具有找平作用，厚度为 5～10 mm；中间层起找平与衔接作用，所用材料同底层，厚度为 5～10 mm；面层则起装饰作用，要求表面平整、色泽均匀、无裂纹，厚度为 5～7 mm。注意若构筑物需要粘贴饰面砖，则应将面层抹灰槎毛，以增强饰面砖与该抹灰饰面之间的黏结性。

1. 准备工作

墙面抹灰饰面施工前应做好以下准备工作：

① 应先将砌筑物基层表面的灰尘、污垢、油渍等清除干净，光滑的混凝土基层表面应进行"毛化"处理，或用水泥砂浆掺界面剂对墙面进行"毛化"处理，并填补脚手架留孔与施工洞口，用水冲洗表面，使水分渗入墙内 10 ~ 20 mm。

② 抹底层灰时要在墙体 4 个角拉垂直线，在表面上部拉水平线，并根据灰层的厚度抹灰饼。宜沿墙每隔 1.5 m 做上下两排灰饼，再根据这些灰饼拉竖向线，并补做竖向灰饼。

施工前需厘清抹灰饰面的施工步骤，制作的标筋线应尽量均匀、平直，它是抹灰的重要参考，灰饼与标筋均用 1 : 3 水泥砂浆固定，标筋的宽度宜为 50 mm。

（a）标筋制作

（b）制作灰饼

准备工作

2. 底层与中间层抹灰

具体施工要点如下：

① 为防止抹灰层产生裂缝，最好分格抹灰。弹竖向分格线时，要弹在分格条的左侧，横向分格线要弹在分格条的下侧。分格条应为软质木材，宽度为 10 mm 左右，应提前 1 天浸泡在水池中。

② 粘贴分格条时，先在分格条上抹一道素水泥浆，将其粘贴在相应的分格线旁边，然后用直尺校正粘贴好的分格条的平整度，最后在分格条的两侧抹上素水泥砂浆即可，斜面呈 45°。

抹灰时应先对界面施水，用 1 : 3 水泥砂浆，先在基面刷 1 遍界面剂，然后在标筋间抹约 5 mm 厚的薄浆层作为底层，接着分层抹中间层，中间层抹灰厚度为 8 ~ 10 mm，灰层应高于标筋，最后用金属刮板由上向下沿标筋刮平，用木抹子搓抹平整，用扫帚将表面扫毛。

（a）调配水泥砂浆

（b）底层与中层抹灰

底层与中间层抹灰

3. 面层抹灰

采用 1 : 2.5 水泥砂浆进行面层抹灰，抹灰前应对中间层洒水使之湿润。面层抹灰层厚度应控制在 5 ~ 7 mm 之间，抹灰后需用刮尺刮平，紧接着用木抹子搓平，再用钢抹子初压 1 遍。注意灰层稍干后还需用软毛刷蘸水按同方向轻刷 1 遍，以保证面层颜色的统一。

面层砂浆终凝前，需用钢抹子压实压光。面层抹好后需及时取出分格条，并用素水泥浆将分格缝勾压平整。注意抹灰完成 24 h 后还应施水养护 7 天，以保证面层不开裂。

（a）面层抹平

（b）面层施水养护

面层抹灰

3.3.3　乳胶漆涂饰施工

　　乳胶漆在庭院外墙表面涂饰的面积较大，用量较大，可根据设计要求做调色应用，变幻效果十分丰富。

 施工步骤

　　乳胶漆涂饰施工具体步骤如下：清理涂饰基层表面→用 240 号砂纸打磨界面→在基层表面满刮第 1 遍腻子→晾干后用 360 号砂纸打磨平整→满刮第 2 遍腻子→晾干后用 360 号砂纸打磨平整→涂刷封固底漆→整体涂刷第 1 遍乳胶漆→晾干后整体涂刷第 2 遍乳胶漆→养护。

(a) 调和乳胶漆

　　乳胶漆应加水调和，加水量根据包装说明来定。可采用刷涂、滚涂与喷涂相结合的方式涂刷乳胶漆，其中滚涂施工更节约乳胶漆，涂刷后的墙面更平整，且能塑造一定的肌理效果，涂刷时应连续迅速操作，一次刷完，涂刷应均匀，不能有漏刷、流附等现象。

(b) 滚涂乳胶漆

乳胶漆饰面施工

 施工要点

　　① 基层处理是保证施工质量的关键环节，其中保证墙体完全干透是最基本条件之一。施工完毕后应放置 10 天以上，墙面必须平整，应最少满刮 2 遍腻子，直至满足标准要求。

　　② 乳胶漆涂刷应进行两个轮回，涂刷 1 遍，打磨 1 遍，对于非常潮湿、干燥的界面还应涂刷封固底漆，且涂刷第 2 遍乳胶漆之前，应根据现场环境与乳胶漆质量对乳胶漆加水稀释。

　　③ 腻子应与乳胶漆性能配套，宜使用成品腻子。腻子应坚实牢固，不能出现粉化、起皮、裂纹，庭院角落等潮湿处要使用耐水腻子。腻子要充分搅匀，黏度太大可加水，黏度太小可加增稠剂。

　　④ 乳胶漆施工温度应不低于 10℃，庭院内不能有大量灰尘，务必避开雨天施工。乳胶漆如需调色，应预先准确计算各种颜色色浆和乳胶漆的用量，并搅拌至颜色均匀。

3.3.4　墙面砖铺装施工

庭院中的围墙、建筑外墙、立柱、花坛、水池等构筑物表面多会铺装墙面砖，中等面积的庭院铺设墙面砖通常需要 5~7 天。

1. 施工步骤

墙面砖铺装具体步骤如下：清理墙面基层→选砖并将其放在水中浸泡 3~5 h→晾干墙面砖→配制 1 : 1 水泥砂浆或素水泥浆待用→给墙面洒水→放线定位→测量转角、管线出入口的尺寸→裁切瓷砖→在瓷砖背部涂抹 1 : 1 水泥砂浆或素水泥浆→从下至上准确粘贴墙面砖→用专用填缝剂填补缝隙→使用干净抹布擦拭瓷砖表面→养护待干。

墙面砖

1 : 1 水泥砂浆或素水泥浆

1 : 3 水泥砂浆

墙体

（b）墙面砖铺装立体图

墙体
1 : 3 水泥砂浆
1 : 1 水泥砂浆或素水泥浆
填缝剂
墙面砖

（a）墙面砖铺装构造剖面示意图

在墙面上铺贴墙面砖之前，应当铲除施工界面表层的水泥疙瘩，并平整墙角，注意不可破坏墙面防水层。施工时，填缝剂应深入勾缝中，以形成平滑的内凹圆角。

（c）实景图
墙面砖铺装

② 施工要点

① 选砖时要仔细检查墙面砖的几何尺寸、品种、色号等是否有差别，铺贴墙面如果是涂料基层，则必须洒水后将涂料铲除干净，凿毛墙面后方能施工。

② 施工前应检查基层的平整度与垂直度，如果高度差大于或等于 20 mm，则必须先用 1 : 3 水泥砂浆打底校平后再进行下一工序。

③ 瓷砖若需要裁切，则裁切时应注意加水，以防止产生粉尘与火花。

④ 确定墙面砖的排板，在同一墙面上的横竖排列，不宜有 1 行以上的非整砖。非整砖应排在次要部位或阴角处，不能安排在醒目的装饰部位。

⑤ 粘贴墙面砖时，缝隙应不大于 1 mm，横、竖缝必须完全贯通，缝隙不能交错，应随时用长度 1 m 的水平尺检查，偏差应小于 1 mm。平整度用 2 m 长的水平尺检查，偏差应小于 2 mm，相邻砖之间平整度不能有偏差。

⑥ 墙面砖镶贴前必须找准水平及垂直控制线，垫好底尺，挂线镶贴，墙面砖贴阴阳角时必须用角尺定位，墙面砖粘贴如需碰角，碰角应非常严密，缝隙必须贯通。

> 普通陶瓷砖应在浸泡 3~5 h 后竖立晾干，高密度玻化砖、天然石材无须浸水。

瓷砖浸泡　　　　　　瓷砖背面涂抹水泥砂浆

> 用 1 : 1 水泥砂浆或素水泥浆铺贴，施工时应将其均匀涂抹至砖石背面。

> 应从下向上依次对齐铺贴墙面砖，注意墙面砖铺贴完毕后，应用水泥砂浆将上部空隙填满。

墙面砖铺贴　　　　　　敲击固定墙面砖

> 铺贴墙面砖时，可用橡皮锤或抹泥刀手柄敲击固定，砖缝之间的砂浆需饱满，严防空鼓，注意成品保护。

★ 小贴士

铺装小规格墙面砖注意事项

铺装小规格墙面砖需要特别仔细，在施工中要进行两级放线定位，其中 1 级为横向放线，在建筑外墙每间隔 1.2～1.5 m 的高度放 1 根水平线，可根据铺贴墙面砖的规格或门窗洞口尺寸来确定放线间距，用于保证墙面砖的水平度。2 级为纵、横向交错放线，是边铺贴边放线，主要参考 1 级放线的位置，用于确定每块墙面砖的铺贴位置。

> 铺装小规格墙面砖时，纵、横向都要放线定位，应先铺装四周，再铺装中间。

小砖铺装放线

> 条形通体砖应错落铺装，上下应整齐，缝隙宽度应保持一致。

墙面铺贴条形通体砖

3.3.5　墙面石材铺装施工

墙面石材铺装方式主要有干挂与粘贴两种。其中干挂适用于面积较大的墙面施工，粘贴适用于面积较小的墙面、结构外表施工。

干挂施工

（1）施工步骤

墙面放线定位→用角型钢制作龙骨网架→用膨胀螺栓固定龙骨→切割天然石材→根据需要在侧面切割出凹槽或钻孔→采用专用连接件固定石材→调整板面平整度→在边角缝隙处填补密封胶→进行密封处理。

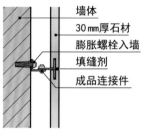

（a）干挂法铺装天然石材剖面示意图

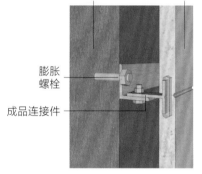

（b）干挂法铺装天然石材立体图

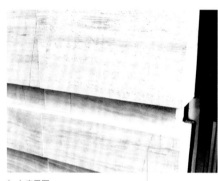

（c）实景图

干挂法铺装天然石材

（2）施工要点

1）安装膨胀螺栓时，应按照放线的位置在墙面上钻出膨胀螺栓的孔位，孔深以略大于膨胀螺栓套管的长度为宜，埋设膨胀螺栓并予以紧固。

2）挂置石材时，应在上层石材底面的切槽内与下层石材上端的切槽内涂胶，清扫拼接缝后即可嵌入橡胶条或泡沫条，并填补勾缝胶以封闭。

3）注胶时要均匀，胶缝应平整、饱满，亦可稍凹于石材板面，应根据石材的出厂颜色调制色浆嵌缝，边嵌缝边擦干净，务必保证缝隙密实、均匀、干净，且颜色一致。

施工时需注意，在墙上布置钢骨架时，水平方向的角钢必须焊在竖向角钢上，应根据设计要求在墙面上制作控制网，由中心向两边制作，应标注每块板材与挂件的具体位置。

2. 黏贴施工构造

（1）施工步骤

清理墙面基层→根据设计在施工墙面放线定位→切割天然石材→对应墙面铺贴部位标号→调配专用石材黏结剂→在石材背部与墙面涂抹黏结剂→逐一粘贴石材→调整板面平整度→在边角缝隙处填补密封胶→密封处理。

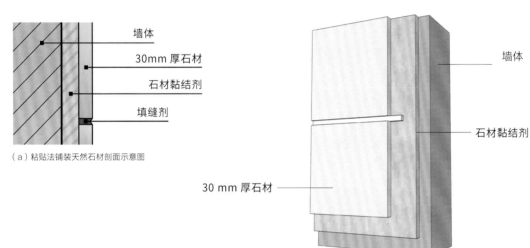

（a）粘贴法铺装天然石材剖面示意图

墙体
30mm 厚石材
石材黏结剂
填缝剂

墙体
石材黏结剂
30 mm 厚石材

（b）粘贴法铺装天然石材立体图

粘贴法铺装适用于形态各异的石材，但粘贴高度应小于或等于 4 m，施工前可用水泥砂浆找平墙面，并做凿毛处理，注意黏结剂厚度应略大于石材厚度。

（c）实景图
粘贴法铺装天然石材

（2）施工要点

1）施工前，粘贴基层应清扫干净，应去除施工基层表面的各种水泥疙瘩，并用 1 ： 2.5 水泥砂浆填补凹陷部位，或对墙面做整体找平处理。

2）石材黏结剂应选用专用产品，多为双组分黏结剂。涂抹黏结剂时应用粗锯齿抹子抹成沟槽状，以增强吸附力，涂抹黏结剂要均匀饱满，且施工完毕后应养护 7 天以上。

待密封胶初凝后，可揭开封胶带，并擦除缝隙表面多余胶痕，注意做好缝隙养护，3 天内不可接触水。

勾缝清理

在缝隙中注入密封胶

石材填缝完毕

天然石材粘贴后应仔细清理石材缝隙，清除缝隙内的灰尘与残渣，保持缝隙的洁净。

天然石材缝隙较深时，需用聚氨酯密封胶填充。填充时先将封胶带粘贴至勾缝边缘，与缝隙对齐，再用胶枪注入聚氨酯密封胶。

4

庭院砌筑构筑物施工

本章导读

　　材料与施工工艺是影响砌筑质量的重要因素。如果要砌筑一些具备实用性与创意性的构筑物，则需考虑该构筑物是否会经常被使用，所耗费成本是否合理，是否与庭院环境、整体建筑等相适配，不可随意砌筑，以免造价过高，造成浪费。

4.1.1　合理调配水泥砂浆

　　庭院中用到水泥砂浆的地方较多，如池塘砌筑、花坛砌筑、露台砌筑、地面铺装、墙面铺装等工程都需借助砂浆施工。水泥砂浆与混凝土砂浆均以水泥为胶凝材料，前者由河砂、水泥、水配制而成，后者则由河砂、水泥、水、碎石配制而成。

（a）砂浆搅拌

（b）用砂浆砌调砖墙

砂浆搅拌与应用

　　无论是水泥砂浆还是混凝土砂浆，施工前均需搅拌均匀，且必须根据当日施工量合理安排砂浆的调配量。注意：混凝土砂浆充分搅拌后应当迅速浇筑，以免其硬化，影响施工。

　　通常混凝土砂浆中水泥、河砂、碎石、水的配比为 1∶3∶3∶3。水泥砂浆中水泥、河砂、水的配比为 1∶3∶3，具体配比还会因为碎石颗粒的粗细、河砂的细密度等而有所改变。

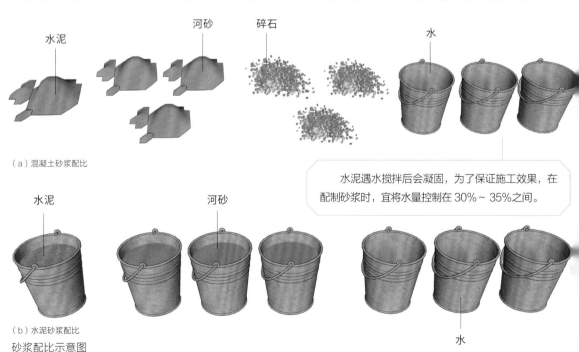

水泥　　河砂　　碎石　　水

（a）混凝土砂浆配比

　　水泥遇水搅拌后会凝固，为了保证施工效果，在配制砂浆时，宜将水量控制在 30%～35% 之间。

水泥　　河砂

（b）水泥砂浆配比

水

砂浆配比示意图

4.1.2 砖块砌筑要点

 砖块种类与特征

庭院施工所用的砖块类别较多，主要包括铺面砖与砌墙砖这两大类。前者砖块质地较薄，后者砖块质地较厚，且单面上还有沟面、小洞，这些细节构造有利于保证砌墙的稳定性。

陶砖多作为玄关、广场等处的地面用砖，尺寸约为230 mm×115 mm×50 mm。砖材色彩古朴，富有质感。

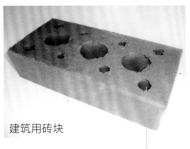

建筑用砖块

红砖

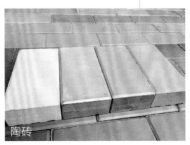

陶砖

建筑用砖块主要可用于砌墙，尺寸约为360 mm×180 mm×60 mm，砖材表面有供钢筋穿过的孔洞。

红砖属于建筑用砖，可用于砌墙，尺寸约为195 mm×105 mm×55 mm。

耐火砖块

古典砖块

古典砖块运用了做旧工艺，可用作墙砖，尺寸约为195 mm×105 mm×50 mm。砖材色彩丰富，富有古典韵味。

耐火砖块拥有较高的强度，但吸水性不佳，多作为烤肉炉、砖窑砌筑砖，尺寸约为230 mm×115 mm×45 mm。

2. 砖块砌筑施工要点

（1）夯实基础

施工场地的地基一定要打压牢固，以使所砌筑的构筑物具有更好的稳定性，使用寿命也会更长。

（2）砂浆比例与用量要合适

调制砂浆时如果比例不均衡，那么会影响砖块之间的黏结力。此外砂浆调配量不宜过多，调配好的砂浆如果长时间不使用，会因为硬化而无法使用。

施工时要先将砖块进行浸泡，使其充分吸收水分，这样砖块内部的水分也能与砂浆相结合，整体的黏结力也会更强。

（3）预留合适的勾填缝

砖块砌筑时预留不同宽度的勾填缝，在视觉上会有不同的效果。通常较宽的勾填缝会给人自然、朴实的美感，较窄的勾填缝则会给人紧凑感。

③ 砖块基本垒砌方法

砖块垒砌方法主要包括竖砌法、丁砌法、顺砌法、交丁砌法、英式砌法、法式砌法几种，可以根据砌筑物的体量大小来选择合适的垒砌方法。

在砌筑砖块时一定要保证每层的水平度，要垂直垒砌，注意砖块上涂抹的砂浆量不宜过多，砂浆量过多会严重影响砌筑的水平度。

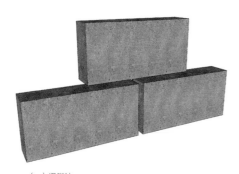

（a）竖砌法

（b）丁砌法

（c）顺砌法

（d）交丁砌法

（e）英式砌法

（f）法式砌法

4.1.3 灵活切割砖块

在进行砖块砌筑时，如果砖块尺寸与设计不符，需要使用切割机、凿子等工具对砖块进行切割。切割时应在砖块下垫木板或沙袋，以免砖块出现裂缝。

 1. 切割标记要准确

为了保证砖块切割的顺畅性，在切割前，应在砖块上下两面相同位置标记好切割线，主要包括横向切割线与纵向切割线。

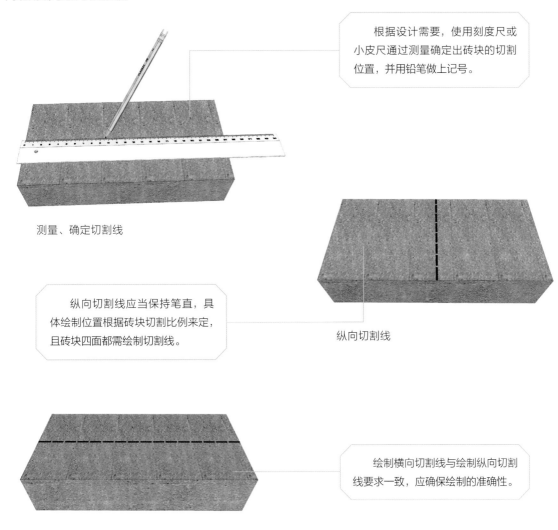

根据设计需要，使用刻度尺或小皮尺通过测量确定出砖块的切割位置，并用铅笔做上记号。

测量、确定切割线

纵向切割线应当保持笔直，具体绘制位置根据砖块切割比例来定，且砖块四面都需绘制切割线。

纵向切割线

绘制横向切割线与绘制纵向切割线要求一致，应确保绘制的准确性。

横向切割线

❷ 切割开口要一致

根据砖块表面的切割线，在切割位置开口。使用切割机或凿子开口，保证四面开口在同一平面上。

使用凿子开口时，应当保证凿子垂直对准切割线，然后使用榔头轻轻敲击凿子端部即可。

使用切割机开口时要保证切割线的平直度，不可歪斜、弯曲。

使用切割机开口

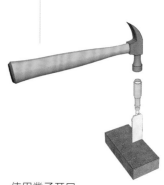

使用凿子开口

❸ 切割力度要控制好

根据砖块表面开好的口子，使用平凿或锤子能够很轻易地将砖块敲击成两部分。敲击时一定要对准切口，注意控制好力度，力度过大可能导致砖块出现裂缝或缺角现象。

使用平凿切割砖块完毕后，检查是否有严重缺角现象。

用锤子切割砖块时，若用力过大，或没有对准切割线，则砖块极易出现过度碎裂，或切割尺寸不符合要求的现象。

使用平凿切割砖块

使用平凿切割砖块完成

将平凿插入砖块表面开口中，将羊角锤圆头对准平凿端部，轻轻敲击即可。

使用锤子切割砖块失误

4.2 砌筑构筑物实例

4.2.1 基础墙面砌筑

基础墙面能起到一定的隔断作用。不同高度的墙面，砌筑时所选用的砖块也会有所不同。通常较低矮的墙面可使用普通砖块砌筑，较高的墙面则使用中空砖块砌筑，砖块中部有孔洞可穿入钢筋，能保证墙面的稳定性。

1. 材料、工具准备

基础墙面砌筑需要准备的材料主要包括河砂、砖块、水泥等，工具则包括水平仪、卷尺、曲尺、水平线、铲子、水桶（或搅拌桶）、铲刀、搓砂板、刷子、海绵等。

2. 施工步骤

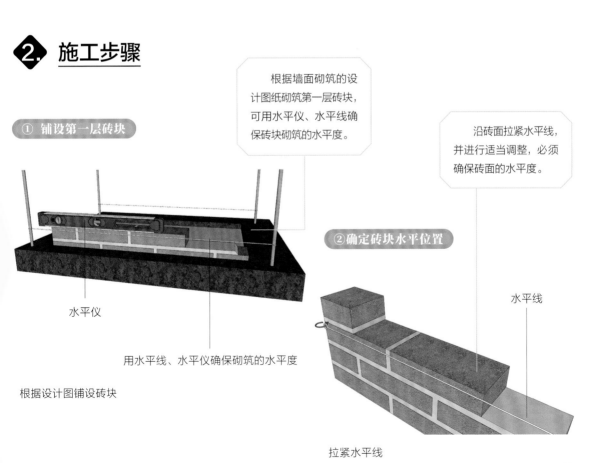

根据墙面砌筑的设计图纸砌筑第一层砖块，可用水平仪、水平线确保砖块砌筑的水平度。

沿砖面拉紧水平线，并进行适当调整，必须确保砖面的水平度。

① 铺设第一层砖块

②确定砖块水平位置

水平仪

水平线

用水平线、水平仪确保砌筑的水平度

根据设计图铺设砖块

拉紧水平线

③拌制水泥砂浆

拌制水泥砂浆

按照水泥与河砂的比例为 1 ：2.5 的比例来调配水泥砂浆，施工前应充分搅拌。

④沿砖块纵向涂抹砂浆

在砖块正面涂抹水泥砂浆时，可将砂浆分为两条涂抹在砖面上，这样砖块与砖块之间的连接会更紧密，整体砌筑的水平度与稳定性也会更高。

沿砖块纵向涂抹砂浆示意图

纵向叠砌砖块时，为了增强砖块与水泥砂浆之间的黏结性，可用力按压砖块。

⑤砖块纵向叠砌

纵向叠砌砖块时，应先在两个砖块叠砌的部位涂抹适量的砂浆，再砌筑砖块。

砂浆

纵向叠砌砖块时砂浆的涂抹

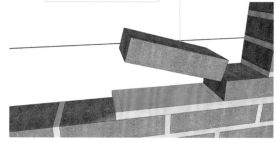

纵向叠砌砖块

预先确定好竖直方向的接缝宽度，然后根据该宽度，逐层叠砌砖块，注意叠砌砖块时砖块两端要对齐，叠砌过程中应使用铲刀的手柄部分轻轻敲击砖面，从而调整砖面水平度，避免其出现歪斜。

⑥横向叠砌砖块

用铲刀取适量的水泥砂浆，将其涂抹至砖块的侧面，另一边同样如此操作，注意叠砌时需刮除多余的砂浆。

砖块侧边涂抹泥浆

横向逐层叠砌砖块

在砖块砌筑过程中要随时将多余的砂浆刮除掉，以免砂浆硬化，影响整体美观。

（a）去除顶面多余砂浆

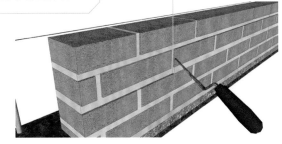

（b）去除侧面多余砂浆

去除多余砂浆

用勾缝抹刀压实砖块水平接缝处的水泥砂浆，增强墙体的稳定性。

勾缝抹刀

使用勾缝抹刀压实砖块竖直接缝处的水泥砂浆，增强墙体的稳定性。

使用勾缝抹刀压实砖块顶部接缝处的水泥砂浆，增强墙体的稳定性。

压实水平接缝

压实竖直接缝

压实顶部接缝

⑧表面清洁

此时砖层还未完全固定，清洁砖面时可使用海绵蘸水，将多余砂浆擦拭掉。

⑨墙面砌筑完成

用毛刷清理砖面上黏附的砂浆与灰尘，保持砖面洁净。

砌筑完成后，待砖层完全固定后再用水冲洗润湿墙面，养护7天。

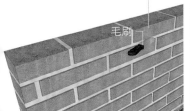

毛刷

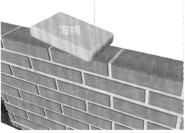

海绵

用毛刷清洁砖面

用海绵清洁砖面

基础墙面砌筑完成

4.2.2　基础平台砌筑

基础平台砌筑应当避免出现倒塌或砖块翘曲现象，施工时要时刻注意砖块砌筑的紧密性。

1. 材料、工具准备

基础平台的铺砌需要准备的材料主要包括河砂、水泥、路基材料、砖块等，工具则包括水平仪、卷尺、水平线、圆锹、锄头、铲子、其他夯土工具、水桶（或搅拌桶）、铲刀、海绵、刷子等。

2. 施工步骤

确定好施工地点，整平地面后即可设置水平线。水平线可以确保铺砌砖块的水平度。注意在挖好沟槽后，仍需保留水平线。

①施工地点定位标记

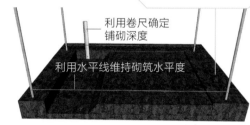

利用卷尺确定铺砌深度

利用水平线维持砌筑水平度

设置水平线

②铺设路基材料

在标记好的位置用锄头挖出深 120 mm 的沟槽，并将选定好的路基材料铺设于沟槽内。

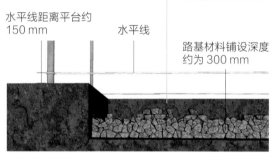

水平线距离平台约 150 mm

水平线

路基材料铺设深度约为 300 mm

铺设路基材料

③夯实压平路基材料

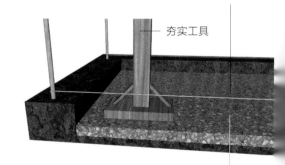

已夯实的路基材料

夯实工具

使用夯土工具敲打铺设好的路基材料，使路基材料更紧实，夯实后路基材料的深度约为 40 mm。

夯实路基材料

④砖块泡水

将砖块提前泡水一段时间，使砖块内部存留一定的水分，以确保砖块更好地与砂浆黏接。

砖块泡水

⑤ 调配水泥砂浆

圆锹 —

水桶
（或搅拌桶）

水泥与河砂比例为 1：3，边搅拌边加水，搅拌
至合适硬度即可，注意砂浆量不宜过多。

水泥砂浆调配

⑥ 确定第一层砖块高度

第一层砌筑砖块应高
于地平面约 150 mm

用水平仪确定第一层
砌筑是否水平

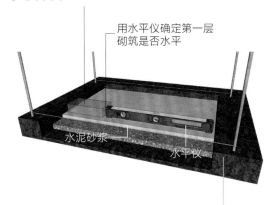

水泥砂浆

水平仪

水平线可以帮助确定第一层砖块砌筑的高度，为
了保证整体砌筑的稳定性，可以利用水平仪来检测第
一层砌筑基础是否处于水平状态。

确定铺砌高度

⑦ 第一层砖块砌筑

第一层砖块砌筑完成后，砖
块表面应与水平线处于同一
水平面。

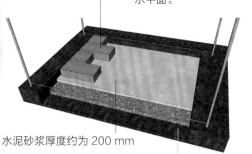

水泥砂浆厚度约为 200 mm

在已夯实的地基材料上涂覆适量的砂浆，然后将
第一层砖块铺设好，砖块宜逐一涂抹砂浆，且砖块铺
设完成后，其表面应当与水平线保持平齐。

开始砌筑

⑧ 基础平台铺砌完成

水平线

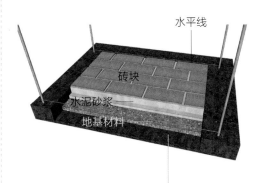

砖块

水泥砂浆 —

地基材料

铺砌完成后应保证基础地台内所
有砖块均处于同一水平面，注意保持
施工面的洁净。

砌筑完成

4.2.3 水槽踏脚铺砌

本案例为花园水槽处的踏脚铺砌。为了保证取水的便捷性，同时也为了保证取水时不会弄脏鞋底，通常会用砂石填缝的方法来铺砌踏脚。

 材料、工具准备

水槽踏脚铺砌需要准备的材料主要包括河砂、水泥、砖块等，工具则包括水平仪、卷尺、水平线、铲子、手铲子、水桶（或搅拌桶）、橡胶锤、刷子等。

 施工步骤

踏脚施工时如果选用了砂浆，那么为了保证排水的顺畅性，应当根据排水方向预留好合适的坡度。

根据水槽与使用者的高度来确定踏脚的高度，砖块厚度不同，地面整平深度也不一样。

①分析施工结构图

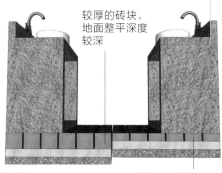

较厚的砖块，地面整平深度较深

（a）确定砖块厚度
施工结构图

较薄的砖块，地面整平深度较浅

坡度方向：水流应流向排水沟，靠近排水沟一端的地面较低

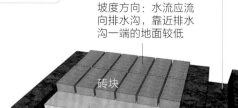

砖块

地基材料

水泥砂浆

排水沟

（b）预留好坡度

②地面整平

地面整平所挖掘的深度为砖块厚度、地基厚度、砂石厚度的总和。

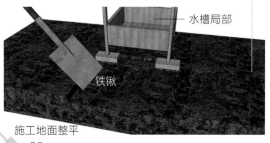

水槽局部

铁锹

施工地面整平

③制作地基

利用铲子在已整平的地面上铺设河砂与地基材料，地基深度需控制好。

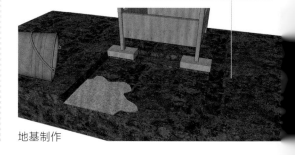

地基制作

④抹平地基

用铲刀将河砂与地基材料抹平，确保地基深度与设计深度相符。

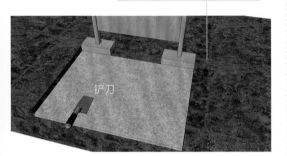

使用铲刀抹平地面

⑤铺砌砖块

砖块铺砌施工时宜从角落向中间铺砌，注意随时检查砖块铺砌的平整度。

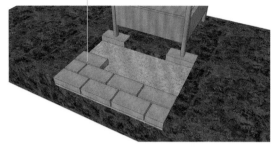

逐一铺砌砖块

⑥收尾处理

用橡胶锤夯实砖块，确保砖块与地基材料紧密连接，保持砖块铺砌的平整度。

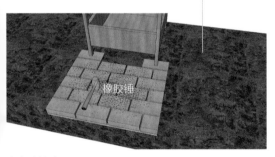

夯实砖块表面

在砖块接缝处填入适量的砂土，以确保砖块的牢固性，并用刷子或笤帚清扫砖块表面。

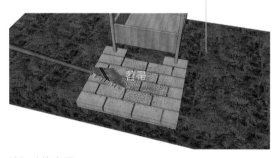

清扫砖块表面

⑦水槽踏脚铺砌完成

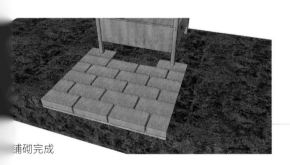

铺砌完成

再次检查砖块表面的平整度，确保砖块不会出现凹凸不平的现象，并用清扫工具进行二次清洁，保持踏脚表面的洁净。

4.2.4 装饰拱门砌筑

装饰拱门应用于庭院中，除起到一定的装饰作用外，还可用作给水栓、灯台等。

 材料、工具准备

装饰拱门砌筑需要准备的材料主要包括河砂、砖块、水泥、路基材料等，工具则包括水平仪、卷尺、曲尺、墨线、铲子、水桶（或搅拌桶）、铲刀、搓砂板、刷子、海绵、切割机等。

 施工步骤

①地基搭建

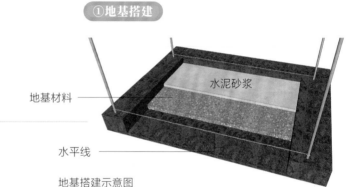

根据设计图纸搭建地基，基础沟槽的尺寸由砖墙大小来定，务必保证地基的紧密性。

水泥砂浆

地基材料

水平线

地基搭建示意图

②铺砌第一层砖块

砖块充分浸水后即可进行第一层砖块的铺砌工作，注意预留出合适宽的接缝，并用砂浆均匀填缝。

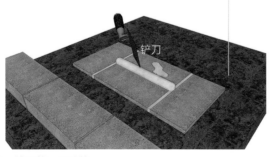

铲刀

铺砌第一层砖块

③调整第一层砖块

在铺砌砖块时可利用水平仪调整砖块的水平度，还可利用铲刀的手柄部位敲击砖块，确保其牢固性。

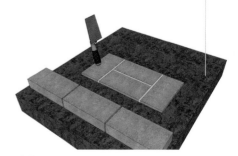

微调砖块

④砌筑中心部位

为了避免砂浆因硬化而造成浪费，施工时宜一次涂抹1~2块砖使用的量。

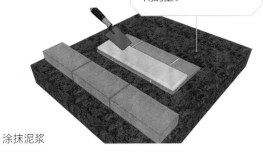

涂抹泥浆

⑤逐层叠砌砖块

叠砌砖块时要确保砖块与砂浆之间紧密黏结。

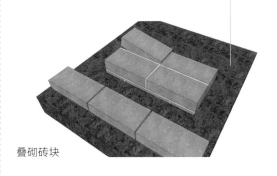

叠砌砖块

⑥确定拱门位置

砌筑墙面至一半时，预摆放剩余砖块，确定拱门实际高度，并标记拱门轮廓。

预摆砖块并标记拱门位置

⑦切割砖块

用专用切割工具沿标记切割标有拱门轮廓的砖块。

切割机

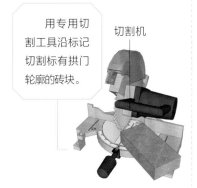

切割拱门圆拱部位的砖块

⑧叠砌切割好的砖块

叠砌切割好的砖块，涂抹适量砂浆，进行拱门圆拱部位的砌筑。

叠砌拱门圆拱部位

⑨补平凹凸不平处

用砂浆修补拱门凹凸不平的部位，以便后期圆拱外框的砌筑。

用砂浆修补不平处

⑩砌筑拱门直线外框

拱门圆拱部位砌筑完成后，在左右两侧叠砌砖块，进行拱门直线外框部分的砌筑。

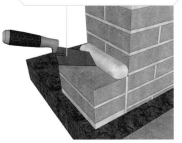

在侧边叠砌砖块

拱门直线外框部分应当砌筑至圆拱部分，注意确保外框部分与中心部位能够紧密黏结。

直线外框部分叠砌完成

⑪ **砌筑拱门圆拱外框**

砌筑圆拱外框部分时，每次砂浆涂抹量宜为砌筑单砖时的使用量。

拱门圆拱外框为曲面，叠砌时从左右两侧交互进行，曲面会更具美观性。

砌筑圆拱外框时要保证砖块间隙的均匀度，应随时进行调整。

在圆拱部位砖块上涂抹砂浆

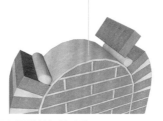

叠砌圆拱外框的砖块

砖块勾缝

⑫ **收尾工作**

拱门砌筑完成后还需用手铲子将顶部表面涂抹平整，以保证美观。

戴好手套，用手或勾缝抹刀抹去中心部位与装饰部位多余的砂浆。

用刷子或笤帚将拱门表面的砂浆残渣清理干净，以保证砖表面洁净。

抹平砖面砂浆

清除多余砂浆

笤帚

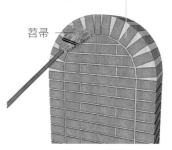

用笤帚清扫砂浆

⑬ **细致清洁**

用浸湿的海绵擦拭砖块表面的砂浆残渣，以保证砖面的洁净。

海绵

用海绵再次擦拭砖面

⑭ **装饰拱门砌筑完成**

装饰拱门砌筑完成后，还需全面检查砂浆残渣是否已被全部清除掉，待砖块完全固定后，可用水对其进行全面清洗。

装饰拱门砌筑完成

4.2.5 烧烤炉砌筑

烧烤炉能为庭院增添更多的乐趣，在砌筑烧烤炉之前应当确定好施工场地，应避免在住房或棚架附近砌筑烧烤炉。为了确保砌筑物的牢固性与稳定性，在正式砌筑前，应下挖300mm左右，如若遇到碎石或围篱等挡土墙，则不宜在此处砌筑烧烤炉。

烧烤炉砌筑

（1）材料、工具准备

需要准备的材料主要包括河砂、砖块、水泥、混凝土块等，工具则包括水平仪、卷尺、曲尺、水平线、手铲子、水桶（或搅拌桶）、夯土器、钉耙、铲刀、抹泥板、刷子、海绵、笤帚等。

（2）施工步骤

> 在正式砌筑之前，可参照烧烤炉的设计构造图进行试砌筑，从而结合现场施工环境确定烧烤炉的真实高度，并确保其能与庭院环境和谐相融。

①外部基座砌筑

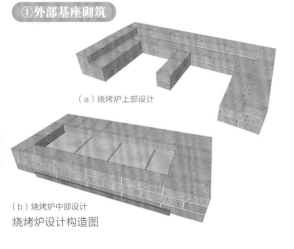

（a）烧烤炉上部设计

（b）烧烤炉中部设计

烧烤炉设计构造图

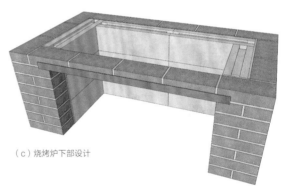

（c）烧烤炉下部设计

> 在砌筑过程中需随时用水平仪调节砌筑的整体水平度，同时还需用铲刀的手柄轻轻敲击砖块，以使砖块更牢固，注意烧烤炉应与地面有一定的高度差。

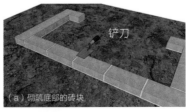

（a）砌筑底部的砖块

（b）砌筑侧面的砖块

（c）砌筑后面的砖块

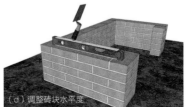

（d）调整砖块水平度

外部基座砌筑

②内部基座砌筑

烧烤炉内侧基座从外面是看不可见的，用混凝土砌块砌筑能提高施工效率，砌筑时仍需随时检查砌筑整体的水平度。

（a）内侧基座用混凝土砌块砌筑

（b）用混凝土砌块逐层砌筑基座

内部基座砌筑

③木炭放置区砌筑

砌筑烧烤炉木炭放置区时，其中心部位依旧选用以混凝土块作为砖块的基座，注意烧烤槽钢涂覆的砂浆量应适度，且在槽钢上方铺设耐火砖时要随时利用水平仪调整砂浆厚度，要确保耐火砖与中心区域的砖块在同一平面。

10号槽钢

（a）在基座安装槽钢

（b）在槽钢内铺设砖块

（c）砌筑木炭放置区背面

耐火砖与中央混凝土砌块表面应平齐。

耐火砖

（d）在槽钢内涂覆砂浆

（e）在中央铺设砖块基座

（f）在铁板上铺设耐火砖并调整

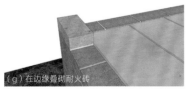
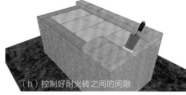

（g）在边缘叠砌耐火砖

（h）控制好耐火砖之间的间隙

（i）在中心部位叠砌耐火砖

木炭放置区砌筑

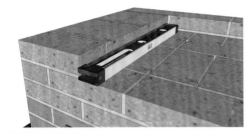

（a）在边缘继续叠砌耐火砖

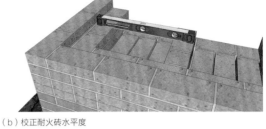

（b）校正耐火砖水平度

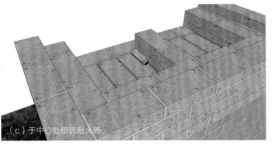

（c）于中心处砌筑耐火砖

铁网放置区砌筑

烧烤炉铁网放置区位于木炭放置区的上方，砌筑时要保证耐火砖之间连接的紧密性，应当随时用水平仪调整砌筑面的平整度与水平度。当砌筑至边缘，砖块无法放入时，还需根据尺寸需要对砖块进行必要的切割。

⑤收尾工作

刷子

（a）用刷子清扫砂浆残渣

海绵

（b）用海绵擦拭砂浆残渍

（c）砌筑完成

烧烤炉砌筑完成

烧烤炉砌筑完成后还需进行全面检查，应在砌筑过程中随时将多余的砂浆清除掉，砌筑完成后还需用刷子、笤帚等工具清扫掉砖面上残留的砂浆，并用湿润的海绵对砖面进行二次清洁，待砖块完全固定后，可用清水对烧烤炉进行全面冲洗。

2. 烧烤炉周边地面铺砌

（1）材料、工具准备

需要准备的材料主要包括河砂、水泥、碎石、装饰用碎石、地砖等，工具则包括水平仪、卷尺、墨线、铲刀、羊角锤、水桶（或搅拌桶）、镘刀、平凿、搓砂板、刷子、海绵等。

（2）施工步骤

①地基制作

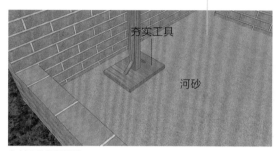

> 在既定范围内均匀铺撒河砂，并使用木板等夯实工具压平河砂。

在地面铺设河砂

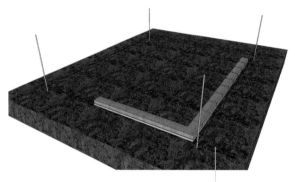

> 根据设计要求圈出烧烤区范围，并根据定位砌筑边缘区域。

烧烤区边缘铺砌

> 确保地基表面平整、无凹凸，可使用木块多次按压。

整平地基

②地砖铺砌

> 在地基上铺设地砖，如有必要，还需要对地砖形状进行加工，铺设完成后使用锤柄轻轻叩击砖面，增强地砖与河砂之间的紧密性。

铺设第一排地砖

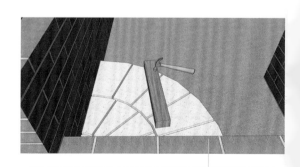

> 后续地砖铺设与上一排地砖铺设施工方法一致，但需要注意，地砖铺设完成后通过隔着木板敲击砖面来调整砌筑面，以确保砌筑面在同一水平面。

铺设第二排地砖

在地砖两端设置水平线，圈定出踏脚石铺设的区域，并铺撒河砂。

将砂层夯实整平后，即可在其上铺设水泥砂浆，水泥砂浆能使踏脚石更牢固。

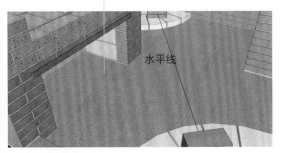

水平线

踏脚石基础砂层铺设

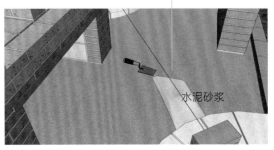

水泥砂浆

在砂层上铺设水泥砂浆

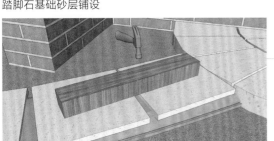

整平地基

按照设计好的路径范围铺设踏脚石，并用羊角锤隔着木块轻轻敲击。

在地基表面再铺设一层河砂，并用铁锹将其整平。

④其他区域铺砌

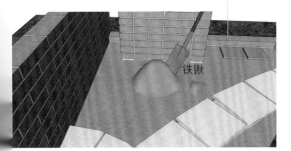

铁锹

基础砂层铺设

铺设装饰碎石

于河砂表面铺设小颗粒装饰碎石，整平后再铺设大颗粒装饰碎石。

调整碎石平整度

用铁锹铺平碎石层，保证地面在视觉上具有较好的美感。

砌筑完成后还需要进行全面检查。应在砌筑过程中将多余的河砂、碎石等清除掉，砌筑完成后用刷子、海绵等工具清除掉砖面残留的砂浆块，并用湿润的海绵对砖面进行二次清洁。

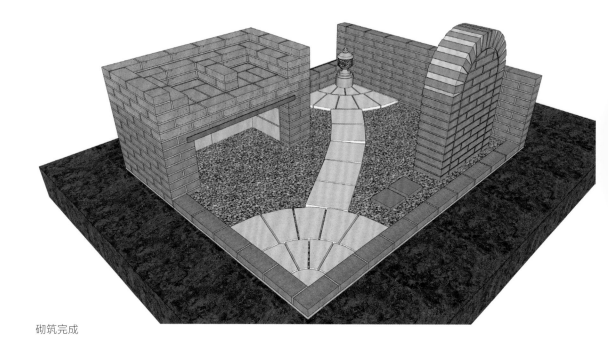

砌筑完成

5

庭院大型构筑物施工

本章导读

　　庭院大型构筑物主要包括围合构筑物如大门、围栏、围篱等，休闲构筑物如木栈平台、凉亭、廊等，实用性构筑物如花架、阳光房、雨棚等。这些构筑物既能赋予庭院休憩、防护、遮阳、避雨等功能，又能赋予庭院艺术美，施工时应充分结合庭院面积与庭院内部布局、造型、外观色彩、比例等，不可与庭院环境相冲突。

　　由于这些大型构筑物多建于室外，因此在施工时也应考虑到风吹日晒对其造成的影响，并做好对应的维护措施。

5.1 围合构筑物施工

5.1.1 庭院大门安装

庭院大门多选用型钢焊接铁艺门、锌钢免漆门、不锈钢门、电动轨道门等。这里主要介绍型钢焊接铁艺门的安装施工工艺。

型钢焊接铁艺门加工方便，造型美观，施工垃圾较少，且可回收使用。

锌钢免漆门强度、硬度均较高，表面色泽比较亮丽，应用频率较高。

型钢焊接铁艺门

锌钢免漆门

不锈钢门耐空气、水汽等的侵蚀，防锈性与防盗性都还不错。

电动轨道门使用方便，主要用电控制门的开合。

不锈钢门

电动轨道门

1. 施工步骤

型钢焊接铁艺门的具体施工步骤为：测量门洞尺寸与两侧立柱尺寸→绘制大门简图→施工现场拍照→根据测量尺寸下料→焊接成型→涂饰防锈漆2～3遍，晾干→将大门门扇运输至施工现场→在门柱上安装门轴→将大门安装至门轴上，封口锁定→调试，在门轴上涂抹润滑油→安装门扇上的饰品与锁具→调试完成，交付使用。

型钢焊接铁艺门中会穿插使用铸铁与扁铁装饰构件，其表面可以涂装成不同颜色，这类大门容易生锈，施工时一定要做好基层处理工作，要多次均匀地涂刷防锈漆。

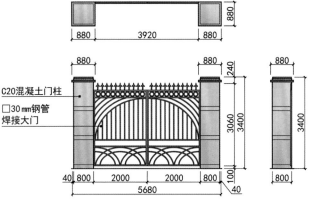

（a）型钢焊接大门构造示意图

（b）型钢焊接大门构造立体图

（c）实景图
型钢焊接大门

2. 施工要点

（1）加工选材

测量大门尺寸时需注意，实际测量所得的净空尺寸不能作为大门的加工尺寸，净空尺寸应比加工尺寸大 50 mm 左右，这样门扇才能更顺利地开启、闭合，门扇底部也应预留 50 mm 左右。如果安装大门时还没有铺装地面砖石，则应预留 100 mm 左右。

（2）焊接涂装

可采用氧气切割机切割型钢，较小规格的型钢也可采用切割机加工。焊接时应将已裁切的型材平放在平整的水泥地面上，先焊接主体框架，确认尺寸无误后再焊接辅助构件。横向框架的间距应小于或等于 1500 mm，以 800 ~ 1200 mm 为宜，中间腰部构件最好焊接 2~3 条方钢。

（3）安装调试

① 门扇安装。门扇轴承安装一定要牢固，每个门扇应至少焊接 2 个轴承。门扇挂接至门轴上后，应检查开启、关闭的契合度，当发现开合不顺畅时，可以在门轴内增加垫圈来调节。规格较小的门扇还可安装闭门器，或用铰链来取代门轴。

② 门锁安装。可以安装电子门锁，安装时，电线应隐藏在金属框架中，门扇中央与左右两侧不能预留缝隙。传统拉栓锁则应安装在庭院一侧，以便进门后关闭。注意拉栓锁靠外一侧应加焊铁板，铁板厚度应至少 2 mm，边长应大于拉栓长度的30%，这样才能起到较好的防盗效果。

门柱为砖或混凝土结构的，用膨胀螺栓固定门扇轴承。门柱为钢结构的，则应采取焊接方式固定门扇轴承，注意保持水平度。

方钢

大门主体框架应选用方钢，这种材料综合性能更好，其规格应与大门门扇宽度、高度相适应。

型钢焊接

焊接时，应采用优质电焊条，焊接层次要深。焊接完成后，表面不应看到明显凸起的疙瘩，可用打磨机打磨。

门的两侧为门柱

5.1.2 庭院围栏安装

　　庭院围栏通常为金属制品，体量有大有小，大型围栏多与大门同时安装，所用材料也与大门相同。庭院围栏的种类主要有型钢焊接铁艺围栏、锌钢组装围栏、不锈钢围栏、混凝土围栏等。这里主要介绍常见的锌钢组装围栏的安装施工工艺。

型钢焊接铁艺围栏的整体高度不宜过高，表面油漆应涂刷厚实。

锌钢组装围栏使用年限长达 15 年以上，顶部箭头形态统一，外形美观，有防攀爬功能。

型钢焊接铁艺围栏

锌钢组装围栏

不锈钢围栏内部套接型钢，应采用装饰护圈遮盖固定螺栓。

混凝土围栏造型丰富，很适合古典风格庭院。

不锈钢围栏

混凝土围栏

1. 施工步骤

　　锌钢组装围栏的具体施工步骤为：测量庭院围栏的安装尺寸→绘制简图→施工现场拍照→根据测量尺寸下料→用铆钉、螺钉固定成型→将围栏运至施工现场→在墙柱、地面上安装膨胀螺栓→固定围栏→校正，保持围栏的水平、垂直形态→安装围栏装饰构件→调试完成，交付使用。

　　锌钢围栏的方管组装构件能重复利用，表面掉色也可以重新喷漆处理，这种围栏的外观颜色有白色、绿色、蓝色、黑色等多种，无须保养，雨水冲刷即可光亮如新。

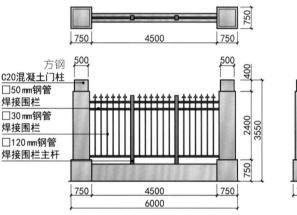

（a）锌钢组装围栏构造示意图

（b）锌钢组装围栏构造立体图

（c）实景图

锌钢组装围栏

❷ 施工要点

（1）基础处理

锌钢组装围栏的安装根基在于立柱，砖砌立柱、混凝土立柱均可，截面规格为边长350mm或400mm，若以锌钢作为立柱，则需采用规格更大的型材。由于大多数成品围栏每个单元的规格为高1.5m，宽3m，因此要使围栏总体高度达到2.4m，矮墙的砌筑高度宜为0.9m，厚度为标准240mm。

（2）下料组装

① 锌钢组装围栏不同单元组装规格不同，立柱规格多为□50mm、□60mm、□80mm、□100mm，主管规格多为□32mm、□40mm，小管规格多为□16mm、□20mm。

② 施工时利用螺丝与铆钉将裁切好的锌钢组装成1个单元围栏，并在其左、右两侧预留固定孔洞，用膨胀螺栓将其固定至砖砌立柱或混凝土立柱上，或用螺丝将其固定至锌钢立柱上。

③ 将锌钢单元围栏的垂直主管下边多预留出50mm左右，以便插入开设有洞口的矮墙顶面，也可以预留100mm插入夯土孔洞中。

（3）固定配饰

锌钢组装围栏所选用的配件均带有涂层，固定安装完毕后，可在围栏顶部加装具有装饰效果的箭头，也可在围栏中央安装装饰铁艺配件，从而增强围栏的装饰感。

矮墙与立柱可预先构筑，可提前贴好外饰面砖，立柱插入矮墙后还需用水泥砂浆封口，并填补聚氨酯密封胶。

立柱与矮墙连接处

围栏组装时需注意，其垂直小管不必与矮墙或地面接触，垂直主管间距宜为1m，垂直小管间距标准为110mm。

围栏组装

可直接将围栏垂直小管顶端冷轧成箭头状，当围栏安装的直线长度大于或等于9000mm时，需在中间加设支撑构件。

围栏顶端箭头

5.1.3　庭院围篱工程施工

作为衬托建筑物的围合构筑物，庭院围篱一方面可以具有一定的防盗功能，另一方面也能有效增强建筑物的美感。这里主要介绍成品格栅围篱的安装施工工艺。

 分隔用构筑物

（1）栅栏

多用于空间分隔界线、水塘、草坪、花坛等区域，主要起到隔离、防护的作用。这种形式的构筑物有高有低，具体高度应根据施工场地实际情况而定。

（2）围篱

主要起到分隔、遮蔽的作用，包括外围篱、内围篱、绿篱、竹篱、石篱等多种形式，其中绿篱、竹篱具有较好的美观性与经济性。

（3）格栅围篱

主要起到分隔、遮蔽、装饰等作用，这种围合构筑物价格低廉，样式美观，也比较轻便。庭院中常见的有铁制格栅围篱、木制格栅围篱等。

栅栏主要由栅栏板、栅栏柱、横带板等部分组成，多采用竹、木、铁条、PVC等材料制作，具有一定的阻拦功能，质量较坚固。

栅栏

绿篱是修剪后的成排灌木形成的围合构筑物，能起到一定的装饰、保护建筑的作用，优质绿篱还具有一定的防风、防火等功能。

围篱

格栅围篱既能有效点缀建筑物，又能调节光线与通风，并能有效烘托庭院氛围，在安装时一定要确保基础安装的牢固性。

格栅围篱

2. 施工步骤

成品格栅围篱的具体施工步骤为：测量庭院围篱空间的安装尺寸→绘制简图→在施工现场拍照→于架设支柱处做好标记→预设支柱→根据设计图挖穴→架设立柱→安装五金件→固定格栅围篱→在围篱周边架设植物→全面检查，交付使用。

格栅围篱具有良好的遮蔽作用，有助于更好地塑造立体庭院，这种围合构造可以有效延伸庭院，同时对庭院内部环境通风也不会有太大的影响。

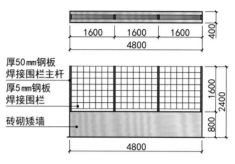

（a）格栅围篱构造示意图

厚50 mm钢板焊接围栏主杆
厚5 mm钢板焊接围栏
砖砌矮墙

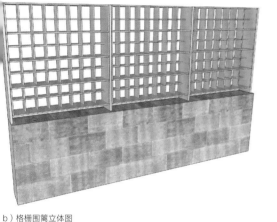

（b）格栅围篱立体图

成品格栅围篱

（c）实景图

3. 施工要点

① 在配制水泥砂浆时，可加入少量碎石，有利于后期立柱架设的稳定性，注意一定要搅拌均匀。

② 架设支柱前，应根据支柱的尺寸制作相对应的模具。便于取出时不黏结干燥的水泥砂浆，型模中的钉子不宜钉死，能暂时固定型模即可。宜选择防水性能较好的板材制作型模。

③ 随时用水平仪检测立柱的水平度，施工过程中一定要确保立柱安装位置的准确性。

④ 如果需要在转角处斜向布置格栅围篱，则为了保证围篱的稳固性与美观性，可选择在支柱上垫一块小木块，使五金件与支柱处于垂直状态后，再进行后续操作。

5.2.1 庭院防腐木凉亭施工

这里主要介绍防腐木凉亭的施工方法。凉亭多使用木材、混凝土、钢材等做梁柱，装饰构筑物则多使用木材或钢材。

 施工步骤

防腐木凉亭的具体施工步骤为：测量庭院防腐木凉亭的安装尺寸→绘制简图→施工现场拍照→根据测量尺寸下料→将材料运输至施工现场→制作地面基础→将立柱固定至地面、墙面等建筑上→调整立柱垂直度与龙骨水平度→用螺丝固定立柱→立柱上方安装横梁与顶棚→缝隙处填补密封胶→整体校正→涂刷防锈漆与清漆→安装各种装饰件与五金件→调试完成，交付使用。

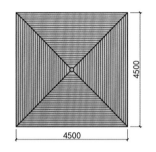

厚20 mm防腐木板

□200 mm防腐木

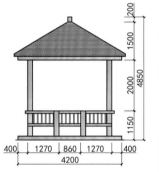

（a）防腐木凉亭构造示意图

体量较小的凉亭无须基础，直接将其固定至地面上即可。普通凉亭通常高度为2400～3300 mm，宽度为3600～5700 mm，长度为2000～6000 mm，悬臂式凉亭通常宽度为2000～2400 mm，悬臂间隔多为300～500 mm。

（b）防腐木凉亭构造立体图

←（c）实景图

防腐木凉亭

2. 施工要点

（1）基础处理

防腐木凉亭施工前应整平地面基层，固定立柱需要在地面挖深 800 mm，边长或直径达 500 mm 的地坑。每个立柱需要 1 个地坑，立柱之间的间距应大于或等于 2.5 m。

建造防腐木凉亭时还需对基础地坪进行处理，不可在土层上直接安装凉亭。应使用打夯机夯实地面，并铺装 80 mm 厚的碎石垫层与 100 mm 厚的 C20 细石混凝土垫层，待养护干燥后再用 30 mm 厚的 1∶3 水泥砂浆结合层找平，具体施工类似于砖石材料地面铺装。

注意采用插入式振捣器时应快插慢拔，插点应均匀排列，逐点移动，按顺序进行，不可遗漏，应做到振捣密实。浇筑混凝土时，应注意观察模板有无变化，一旦发现模版有变形、位移，应立即停止浇筑，并对其进行及时处理，然后再继续浇筑，浇筑完毕后，应在 12 小时内要使混凝土处于足够湿润的状态。

（2）修建凉亭

防腐木凉亭中所需各种规格的型材都应在工厂预制加工成型，运送至施工现场后只做简单切割加工即可。与立柱、龙骨等底面接触时的基层应平整，可嵌入木楔调整垂直度，并用水平尺校正其安装的水平度。

防腐木凉亭属于纵向建筑，对稳定性的要求比较高。要保证安装后构件之间的连接要牢固，不摇晃，安装过程中必须保证整个防腐木凉亭与地面上的混凝土柱的连接要稳固。注意立柱制作完成后，立将其他各种构件安装至立柱侧面的预留榫卯眼上，形成榫卯结构。

穿斗式可用于梁架结构，适用的木料规格较小，木料需加工成木榫卯构造，不用于承重。

制作立柱时需注意，应将立柱型材安装至混凝土基础上，将边长为 60 mm 的角钢两面钻孔，加工成连接件，采用螺栓穿过其中一面，并将其固定至防腐木立柱底部侧面。然后将角钢另一面孔洞穿套在基础预留的钢筋上，并进行焊接固定，每根防腐木立柱应至少固定 4 个点。

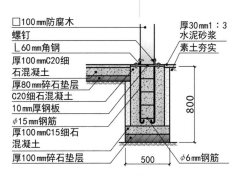

□100 mm防腐木
螺钉
∟60 mm角钢
厚100 mmC20细石混凝土
厚80 mm碎石垫层
C20细石混凝土
10 mm厚钢板
φ15 mm钢筋
厚100 mmC15细石混凝土
厚100 mm碎石垫层
厚30 mm 1∶3 水泥砂浆
素土夯实
800
500
φ6 mm钢筋

防腐木凉亭立柱构造示意图

应挑选合适的防腐木材料制作凉亭，木纹细腻的材料可用于主要立柱与横梁，其他材料可用于辅助支撑或围合，有瑕疵的材料可加工成木屑垫底。防腐木凉亭的榫卯结构应从下向上逐层安装，所有榫卯结构内侧面应采用环氧树脂胶黏结，榫结构的支座、支撑、连接等构件之间的连接必须牢固，无松动。所有木料必须经过防腐处理。

抬梁式可用于承重梁架的搭建，适用的木料规格较大，加工比较简单。

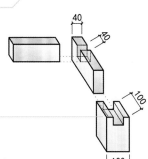

（a）木料形态

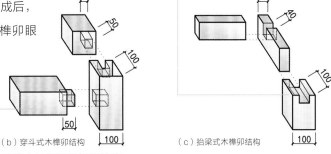

35
50
100
40
40
100
50
100
100

（b）穿斗式木榫卯结构　　（c）抬梁式木榫卯结构

防腐木材料选择榫卯结构

柱廊

柱廊是一个既有开放性，又有限定性的廊式空间，能增加环境景观的层次感。柱廊无顶盖，有些在柱头上加设了装饰构架，主要靠柱子的排列产生效果，柱间距较大，纵列间距以3000～4000 mm 为宜，横列间距以 6000～8000 mm 为宜。柱廊多用于弧形庭院边缘。

5.2.2　庭院廊架施工

廊多指屋檐下的过道或室外空间中独立存在，但有顶的通道。这种构筑物多采用钢或防腐木修建，主要起到引导人流与视线，连接景观节点与供人休息的作用。这里主要介绍庭院内廊架的施工方法。

廊架的宽度与高度应按人的身高及比例关系设计，避免过宽过高，高度宜为2200～2500 mm，宽度宜为 1800～2500 mm。

（a）钢质廊架

（b）木质廊架

不同材质的廊架

1. 施工步骤

廊架的具体施工步骤为：测量庭院廊架的安装尺寸→绘制简图→施工现场拍照→根据测量尺寸下料→将材料运至施工现场→在施工地点定位放样→根据定位挖掘基坑→制作基础垫层→放置预埋件→制作框架→安装框架→立柱维护→涂刷防锈漆与清漆→安装各种装饰件与五金件→回填土方→地坪处理→放置座椅→调试完成，交付使用。

廊架可以与凉亭、廊、水榭很好地融合在一起，能与景墙、花墙等相结合，赋予庭院较高的观赏价值，在制作廊架时一定要确保各结构之间连接的紧密性。

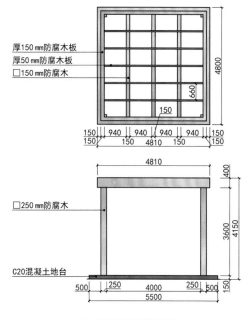

厚150 mm防腐木板
厚50 mm防腐木板
□150 mm防腐木

□250 mm防腐木

C20混凝土地台

（a）庭院廊架构造示意图

（b）庭院廊架构造立体图

（c）实景图

庭院廊架

2. 施工要点

（1）基础处理

① 基坑挖掘可综合利用机械挖掘与人工挖掘，在正式施工前，应当将施工场地周边垃圾清理干净。

② 以混凝土做基础垫层，用插入式振捣器混凝土砂浆振捣密实。

③ 浇筑混凝土时，应随时观察模板有无变化，一旦发现模版有变形、位移情况，应立即停止浇筑，并及时对其进行处理，然后再继续浇筑。

④ 混凝土浇筑完毕后，在 12 h 内要使混凝土有足够湿润的状态，注意做好养护，养护时间约为7天。

（2）修建廊架

① 确保立柱安装位置的准确性，可借助水平仪来确定立柱安装是否有偏移。

② 廊架的榫卯结构应按照设计图纸逐层安装，所有榫卯结构的支座、支撑、连接等构件连接必须牢固。

廊架地面铺装形式与廊架色彩形式应当能与周边环境相匹配，当选用不同的地面铺装形式时，立柱与框架的安装方式也会有些许的变化。例如，下图（a）立柱应在木地板安装后施工，且安装时需保证立柱基石与地板之间的稳固性。

（a）木地板铺装地面

（b）草坪铺装地面

廊架地面铺装

实用性构筑物施工

5.3.1 庭院阳光房施工

阳光房又称为玻璃房，是用玻璃与金属框架搭建的户外建筑。庭院中的阳光房以亲近阳光为主，它连接着室内与室外，是较好的拓展空间与过渡空间。阳光房多选用型钢、塑钢、彩色铝合金等材料制作。

阳光房的形式很多，可向专业厂商订购。顶部多安装钢化玻璃或彩色涂层钢板，钢化玻璃顶通透性最好，但隔热与保温性较差；彩色涂层钢板顶的隔热与保温性较好，但透光性较差。

（a）型钢骨架阳光房

（b）塑钢骨架阳光房

（c）彩色铝合金骨架阳光房

不同骨架的阳光房

1. 施工步骤

庭院阳光房的具体施工步骤为：测量庭院阳光房空间的安装尺寸→绘制简图→施工现场拍照→根据设计要求制作地面基础→将立柱固定至地面、墙面等建筑上→调整立柱垂直度与龙骨水平度→精加工型材→用螺栓固定型材→测量龙骨间距→加工钢化玻璃→将钢化玻璃镶嵌至龙骨间→在缝隙处填补密封胶→用螺丝固定铝合金压条→整体校正→安装各种装饰件与五金件→在龙骨、玻璃局部边角填充密封胶→顶面玻璃贴膜→调试完成，交付使用。

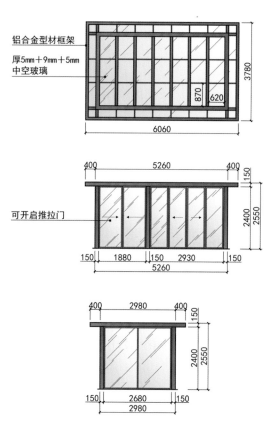

铝合金型材框架

厚5mm＋9mm＋5mm
中空玻璃

可开启推拉门

（b）庭院阳光房构造示意图

（a）庭院阳光房构造立体图

阳光房施工时应根据设计图纸的标高、阳光房顶位置、已测定的中心线等数据，标出阳光房顶棚主骨架在地面上的投影位置线，以便准确确定阳光房的施工位置。

（c）实景图

庭院阳光房

2. 施工要点

（1）基础处理

安装阳光房前需提前在地面上开设孔洞，浇筑混凝土，并预埋钢板，每个主要立柱都应开设孔洞。地面应预先找平，已铺装地面应做好保护措施，防止饰面材料破损。

（2）制作骨架

① 使用最少的膨胀螺栓固定边梁，靠墙的边梁用两个螺栓固定，不用紧固。边梁与边梁的角要搭接紧密，缝隙应小于或等于 1 mm，可用角片固定。

② 骨架制作完成后，应对其进行仔细校正，需采用聚苯乙烯发泡剂填充各种大于或等于 15 mm 的缝隙，尤其要填充骨架与地面、墙面之间的缝隙，内外都应填充，充分发泡时间为 3 天。

③ 用聚乙烯结构密封胶可以密封小于 20mm 的缝隙，更大的缝隙可以先用 1：2 水泥砂浆填补，再用结构密封胶密封。

（3）安装玻璃

① 钢化玻璃的实际尺寸应比测量的净空尺寸小 3 mm 左右。普通阳光房侧壁可采用单层 6 mm 或 8 mm 厚的钢化玻璃；对隔声、隔热有要求的阳光房可采用"6 mm + 0.76 mm + 6 mm"厚的双面夹胶钢化玻璃；有其他需求的可安装"5 mm + 9 mm + 5 mm"的中空玻璃。

② 固定玻璃时应先垫好玻璃垫块，待玻璃进入龙骨架中间后，先用铝合金压条固定，再用螺钉，将压条固定至龙骨上。如果阳光房顶面呈坡状，则可在顶面开设天窗，以获得更好的通风效果。

（4）收尾装饰

安装、调试五金件，整体检查密封性能，并给阳光房玻璃贴膜。

> 阳光房顶面玻璃边缘可以延伸至骨架以外，在结构上形成屋檐，具有良好的排水效果。其顶部边角可采用铝合金压条与螺钉固定，注意用密封胶处理各种边缝。

> 铝合金立柱截面外围尺寸为 100 mm×100 mm 或 80 mm×80 mm，立柱型材壁厚度应大于或等于 2 mm，3 mm 厚最佳，每个立柱应焊接牢固或至少用 4 个螺栓固定。

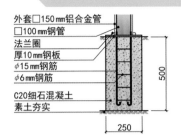

外套□150 mm铝合金管
□100 mm钢管
法兰圈
厚10 mm钢板
φ15 mm钢筋
φ6 mm钢筋
C20细石混凝土
素土夯实
500
250

阳光房立柱构造示意图

阳光房骨架安装

> 安装阳光房时需注意，主梁与边梁的底边要在同一平面，次梁按标号分别固定到主梁上，且需次梁插入到位后，再用螺丝固定。

阳光房玻璃安装

> 阳光房的玻璃厚度应当一致，侧面玻璃应从内向外安装，顶面玻璃应从上向下安装，玻璃内外都应填补聚氨酯密封胶。

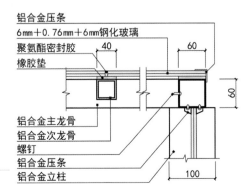

铝合金压条
6mm＋0.76mm＋6mm钢化玻璃
聚氨酯密封胶
橡胶垫
40
60
60
铝合金主龙骨
铝合金次龙骨
螺钉
铝合金压条
铝合金立柱
100

阳光房顶部边角构造示意图

5.3.2　庭院雨棚施工

常见的雨棚形式有玻璃雨棚、阳光板雨棚、帆布雨棚等。这里主要介绍阳光板雨棚的安装施工工艺。

玻璃雨棚多安装高度高，覆盖面积大，需要专人维护，成本高，很少用于庭院中。

阳光板雨棚造型多样，适用范围比较广，具有无臭、无毒、高度透明等特点。

帆布雨棚可以伸缩，仅靠膨胀螺栓或螺丝固定即可，施工简单快捷。

玻璃雨棚

阳光板雨棚

帆布雨棚

施工方法

铝合金阳光板雨棚的具体施工步骤为：测量庭院顶棚空间的安装尺寸→绘制简图→施工现场拍照→制作地面基础→将立柱固定至地面、墙面等建筑上→调整立柱垂直度与龙骨水平度→根据测量尺寸下料→用螺钉固定龙骨→测量龙骨间距→裁切阳光板→将阳光板镶嵌至龙骨间→在缝隙处补玻璃胶→用螺丝固定铝合金压条→整体校正→安装顶棚中的装饰件→用玻璃胶封胶铝合金龙骨局部边角→揭开阳光板与铝合金管表面覆膜→调试完成，交付使用。

铝合金阳光板雨棚在施工时需注意，应根据设计图纸的标高、阳光板顶棚尺寸、已测定的中心线，对阳光板顶棚主骨架位置进行定位放线，务必保证定位的准确性。

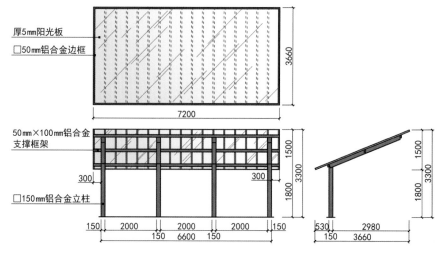

（a）庭院雨棚示意图

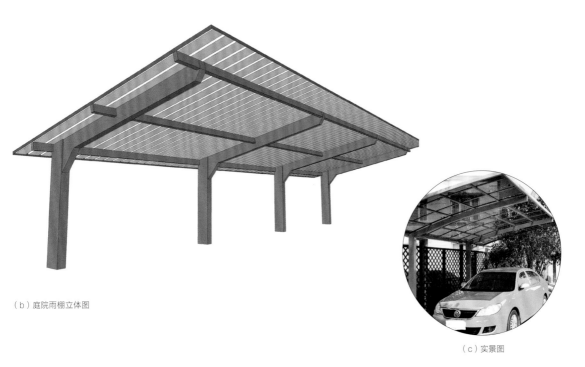

（b）庭院雨棚立体图

（c）实景图

庭院铝合金阳光板雨棚

2. 施工要点

（1）基础处理

① 在地面主要立柱位置上开孔，两孔间距为 3 m，孔径或边长为 250 mm 左右，深度为 500 mm 左右，地孔内壁清理干净后，灌入 C20 细石混凝土。

② 如果阳光房立柱高度大于 3.6 m，则应增设钢筋，用 4 根 ϕ15 mm 的钢筋绑扎成型，钢筋间距为 100 mm 左右，再将其置入地孔中，然后浇筑混凝土，钢筋上部端头应露出混凝土浇筑面约 50 mm。地孔预埋钢筋混凝土制作完成后，养护 7 天以上才可进行下一步的施工工作。

③ 采用口 100 ～ 150 mm 的铝合金管作为主立柱，长度为 3 m，即雨棚高度为 3 m，并用螺丝将其直接固定至基础钢板与凸出的钢筋上，不要有缝隙。

阳光板雨棚施工时，需将 10 mm 厚的钢板切割成 250 mm × 250 mm 体块，在上面钻 4 个孔，分别对应伸出钢筋的位置，再将钢筋端头穿入钢板，将钢板盖在混凝土上表面，预埋钢筋穿过钢板孔洞后与钢板焊接。注意在立柱外围还可以根据需要套上不锈钢管装饰，其底部焊接在铁板上，表面则采用不锈钢装饰圈来遮盖焊接点。

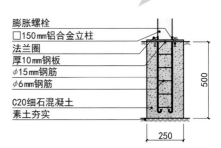

膨胀螺栓
口150 mm铝合金立柱
法兰圈
厚10 mm钢板
ϕ15 mm钢筋
ϕ6 mm钢筋
C20细石混凝土
素土夯实

500

250

庭院阳光板雨棚立柱构造示意图

（2）制作骨架

① 焊接雨棚骨架时应注意校正水平度与垂直度，如果雨棚面积不大，可先在地面进行焊接组装，然后再托至立柱顶端焊接。

② 主龙骨安装完毕后即可安装次龙骨，次龙骨多采用比主龙骨低 1~2 个规格的方形不锈钢管。如 □40 mm 不锈钢管，安装方式与主龙骨相同，均采用焊接工艺安装，应先调准位置，用水平尺校对后再与主骨架焊接固定。

③ 焊接次龙骨时应与主龙骨侧面上端对齐，次龙骨焊接后所形成的井格边长为 400 mm、600 mm、800 mm，具体规格可根据顶棚实际面积来定。

根据弹出阳光板顶棚主骨架的位置线，采取先安装两端后安装中间的原则，将口 60 mm 不锈钢管作为主龙骨，焊接在立柱钢管顶端，形成框架。在框架中间继续焊接口 40 mm 不锈钢管，并形成井格造型，注意不锈钢管间距为 1 m~1.5 m，可随机分配。

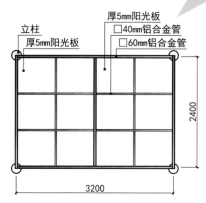

庭院阳光板雨棚平面构造示意图

★ 小贴士

棚架

棚架多作为外部空间通道使用，主要采用圆柱做梁柱，竹料做立柱。它的标准尺寸为高 2200~2500 mm，宽 3000~5000 mm，长 3000~8000 mm；柱、梁皆选用小端直径为 100~150 mm 的圆木，立柱间隔为 2400~2700 mm。在梁与梁上使用 ϕ 50 mm 的竹子搭置间隔 300~400 mm 的格架。这种棚架的基础埋至地面下的深度为 900 mm 左右。

雨棚主龙骨架应至少保持 3% 的坡度，即使是完全水平的设计造型，也应焊接成具有一定坡度的悬挑构造，这也便于雨水排流。

雨棚主龙骨与立柱应采用厚度至少为 3 mm 的不锈钢管材，如果不锈钢管材达不到要求，则应在内部再套接型钢。

雨棚若为圆弧造型，则应预先将阳光板骨架加工成弧形转角构件，宜采取焊接方式，不宜在施工现场强制弯压成型，这会影响后期阳光板的安装。

（3）安装阳光板

① 先安装上层阳光板。根据设计要求，安装尺寸合适的阳光板，覆盖阳光板的边、纵缝、横缝等应在一条线上，阳光板的纹理走线应整体一致，且各种缝隙应在龙骨上方，从下向上看是不可见的，安装时要防止碰撞、划伤。

② 覆盖阳光板的同时，应在接缝处填注聚氨酯密封胶，并安装压条，然后再安装专用铝合金压条，固定压条的螺丝间距为 150～200 mm。为防止阳光板两端封头损坏，造成内壁污染，应加贴 1 层保护膜。

③ 上层阳光板安装完毕后，用干净的抹布擦除板材底面的污迹、灰尘，部分高端产品带有覆膜，可以揭开底部覆膜。内层阳光板的具体安装方式与上层阳光板一致。

④ 当阳光板全部安装完毕后，重新检查细节并做补充修饰，擦净阳光板表面或揭开覆膜。对于体量较大的阳光板雨棚，可以进一步强化支撑构件，将立柱、顶棚外框骨架与周边墙体、立柱连接起来。

阳光板属于塑料制品，虽然是中空构造，但是总体厚度只有 5 mm 左右，因此可以根据需要安装两层，即在次龙骨上、下各安装 1 层，如果只需安装 1 层，则可安装在龙骨的上表面。注意双层阳光板之间应保留至少 40 mm 的间距。

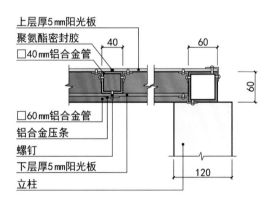

上层厚5 mm阳光板
聚氨酯密封胶
□40 mm铝合金管
□60 mm铝合金管
铝合金压条
螺钉
下层厚5 mm阳光板
立柱

5.4 庭院大型构筑物实例

5.4.1 庭院围篱搭建

1. 准备材料、工具

庭院围篱搭建需要准备的材料主要包括铺面材料、河砂、基础材料（碎石）等，工具则包括水平仪、水平线、曲尺、刻度尺、铁锹、手铲、锤子、尖头铲子、电动螺丝刀、刷子、海绵等。

2. 施工步骤

用刻度尺确定五金件安装位置，并在材料上做好记号。

①测量尺寸

刻度尺

五金件定位

立柱全长在 2400 mm 以上，地上部分为 1800 mm 时，地下埋入深度为地上部分的 1/3，可知立柱埋入深度在 600 mm 以上。

②五金件安装

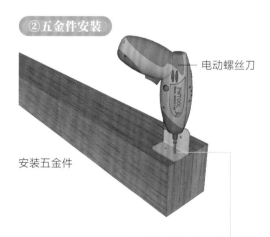

电动螺丝刀

安装五金件

根据搭建说明在对应位置安装五金件。

③计算立柱埋入深度

铁锹

水平线

立柱埋入深度计算示意图

根据立柱埋入深度示意图准确计算出立柱埋入深度。

④架设立柱

用卷尺确定立柱埋入深度，并用记号笔做好记录。

用铁锹挖坑，并将立柱对准坑洞垂直插入，所做标记应与地表面持平。

用水平仪调整立柱架设的水平度，水平仪气泡应位于中心位置。

确定立柱埋入深度

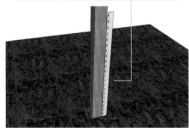
挖坑埋立柱

调整立柱水平度

⑤固定立柱

用铁锹将碎石、河砂、泥土等填入坑洞中，厚度约为150 mm。

逐层填土，一边填土，一边用锤子压紧立柱根部泥土。

填土完毕，确定填土水平度，并用木板将泥土压实。

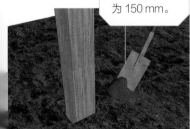
坑内填土

压实立柱根部泥土

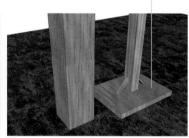
收尾处理

⑥横板安装

确定好横板安装位置，并于记号处安装膨胀螺栓。

将横板与五金件对齐安装，并使用电动螺丝刀拧紧螺丝。

安装过程中需及时调整横板的水平度。

安装五金件

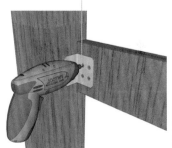
安装横板

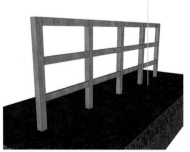
横板安装完成

根据需要裁剪遮阳布，遮阳布的尺寸要比压条长。

用钉枪从压条的端部开始，逐步向下将遮阳布固定住。

每隔 100 mm 固定一处，遮阳布的紧绷状态应保持统一。

裁剪遮阳布

固定遮阳布

遮阳布、压条安装完成

在标记的位置安装自攻螺丝钩，部分坚硬处可提前钻孔。

在金属丝表面缠绕合适的绿植，注意控制好缠绕的松紧度。

围篱上安装自攻螺丝钩

布设金属丝，等待缠绕绿植

5.4.2　庭院木栈平台搭建

　　木栈平台兼具一定的实用性与装饰性，由于会遭受到日光暴晒与风吹雨淋，除在木栈平台上设置遮阳篷或遮阳伞外，施工还需选择耐久性、耐热性好，质地坚硬的材料。

木栈平台基础构造

　　了解木栈平台的基础构造有助于更顺利地进行木栈平台的施工工作，主要包括基石、立柱、跳板、横梁、侧封板、面板等。

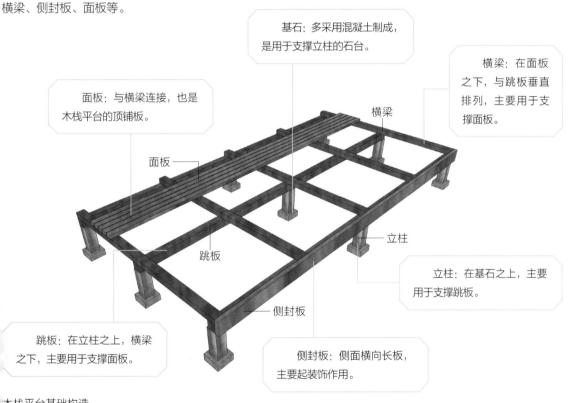

基石：多采用混凝土制成，是用于支撑立柱的石台。

横梁：在面板之下，与跳板垂直排列，主要用于支撑面板。

面板：与横梁连接，也是木栈平台的顶铺板。

面板

横梁

立柱：在基石之上，主要用于支撑跳板。

立柱

跳板：在立柱之上，横梁之下，主要用于支撑面板。

跳板

侧封板：侧面横向长板，主要起装饰作用。

侧封板

木栈平台基础构造

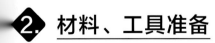 材料、工具准备

　　木栈平台施工需要准备的材料主要包括胶合板、木栈板、膨胀螺套、全牙螺丝、自攻螺丝、螺栓、垫圈、水泥砂浆等，工具则包括曲尺、水平仪、卷尺、水平墨线、铁锹、锯子、链锯、电动圆锯、扳手、电钻、凿子、角磨机、刨刀、榔头、电动螺丝刀、壁纸刀、毛刷、笤帚等。

❸. 施工步骤

①分析图纸

分析木栈平台各结构之间的连接关系，并按照设计图纸搭建木栈平台。注意在正式施工之前，应当将施工场所原有的构筑物、垃圾碎片等清除干净。

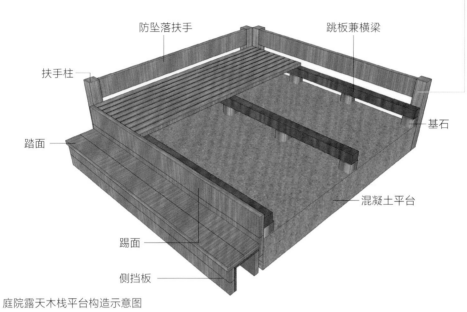

防坠落扶手　跳板兼横梁

扶手柱

基石

踏面

混凝土平台

踢面

侧挡板

庭院露天木栈平台构造示意图

②放线定位

根据木栈平台的设计图纸，以住宅空间为基准，确定木栈平台的施工位置与施工面积，并进行基础放线定位工作。

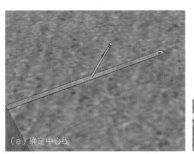

（a）确定中心线　　　　（b）确定边缘

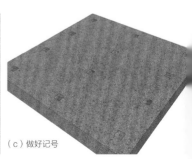

（c）做好记号

确定木栈平台位置

用电钻在标记位置钻孔，孔径应与全牙螺丝相匹配。

将全牙螺丝拧入螺套内再切割，全牙螺丝高度应与平台高度持平。

基石型模高度应与平台基石高度相匹配，全牙螺丝位于其中心部位。

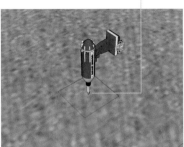

地面钻孔

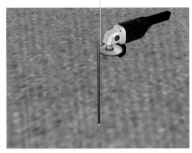

切割全牙螺丝

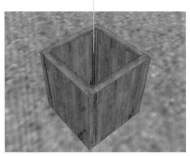

制作型模

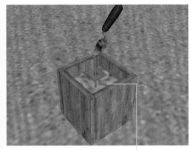

加入垫片并注入水泥砂浆

拆下型模

用相同方法制作剩余基石，在施工过程中应保证所有型模高度一致。

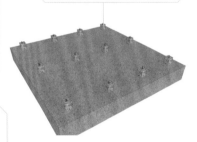

平台基石制作完成

在所有全牙螺丝上加上垫片，并在型模中注入适量的水泥砂浆。

待水泥砂浆干固后，便可拆下型模，制作型模时需考虑这一点。

根据想要开孔的形状选择合适的钻孔刀具，钻孔孔径应与全牙螺丝刚好适配。

将跳板摆放在平台基础上，确定钻孔位置，并用电钻钻孔。

将跳板放置到平台基石上，跳板孔洞应穿过平台基石上的全牙螺丝。

兆板开孔示意图

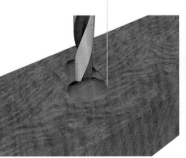

跳板钻孔

放置跳板

分析全牙螺丝安装示意图，确定好安装顺序。

根据图纸在跳板上安装垫片与螺母，拧紧螺母后切除多余全牙螺丝。

采用相同的方法安装剩余的跳板与横梁，注意做好全面检查。

螺母在上，垫片在下。

全牙螺丝————

跳板

————混凝土基石

全牙螺丝安装示意图

切除多余全牙螺丝

跳板兼横梁安装完成

⑤**安装面板**

从内向外铺设面板，靠近住宅空间为内侧，面板之间应紧密连接。

面板铺设完成后需将跳板过长的部分切割掉，并需保持切面光滑。

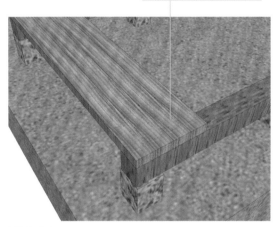

铺设面板

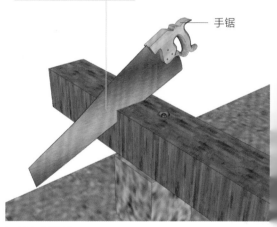

————手锯

切割多余跳板

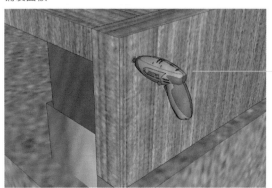

安装侧挡板

逐一安装遮罩用侧挡板，并用电动螺丝刀拧紧螺丝。

⑥安装扶手

用铁锹挖出适当深度的坑洞，以便安装扶手柱。

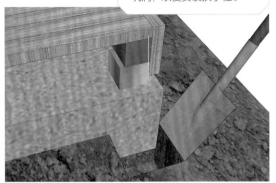

挖坑

用卷尺测量好扶手柱埋入部分与地上部分的长度，并做好记号。

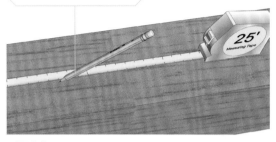

测量定位

将扶手柱埋入挖好的坑洞中，并进行填土，土层应夯实。

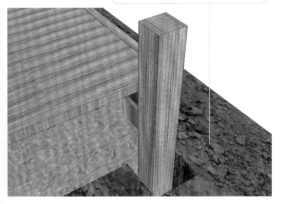

放置扶手柱

用螺丝将扶手柱固定在木栈平台上，应保证扶手柱水平固定。

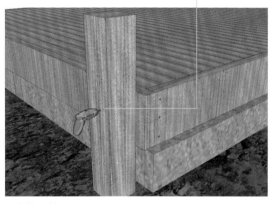

固定扶手柱

将护栏固定到扶手柱上，扶手柱与护栏的高度可根据需要设定。

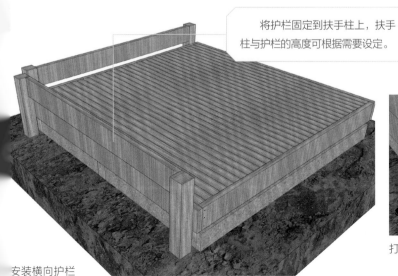

安装横向护栏

用角磨机或砂纸打磨扶手柱边角尖锐部位，避免使用者被撞伤。

角磨机

打磨边角

⑦制作台阶

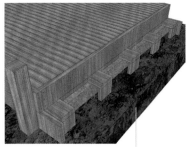

确定台阶步数并安放踏面

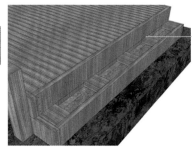

安装台阶侧封板

用螺丝将台阶侧封板固定至台阶基础上，钉接需牢固。

用卷尺确定台阶基础个数与踏板厚度，基础间距为300 mm。

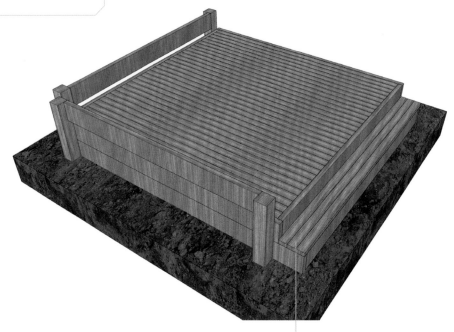

用螺丝安装台阶面板，安装需牢固，注意全面检查。

木栈平台制作完成

6

庭院小型构筑物施工

本章导读

　　庭院小型构筑物制作比较简单。在施工之前，务必厘清这些构筑物与庭院的体量关系，在视觉上应当保持平衡，对于木工的基础技能也要有所了解。

　　庭院小型构筑物适用于大部分庭院，通常体量不大，如小花架、小围栏、花盆遮罩木箱等。这些构筑物在保证功能性的同时，还需考虑装饰性与适配性，构筑物的材质特征、色彩特征等都应与庭院整体、主体建筑等相适配。

6.1.1 灵活测量

庭院小型构筑物施工常用的测量工具有钢卷尺、塑料卷尺、曲尺、测距仪等，具体说明见表6-1。

表 6-1 庭院小型构筑物常用测量工具

工具名称	钢卷尺	塑料卷尺	曲尺	测距仪
图例				
特点	价格便宜，经济、耐用，长度有3 m、5 m、8 m等规格，主要用于测量场地	有15 m、30 m、50 m等规格，可用于测量大面积场地，以及各种圆形构件弧长等	主要用于测量长度，检查直角，使用该工具测量材料的长度时一定要与材料贴紧	有激光测距仪、超声波测距仪、红外线测距仪等，它们是通过电子射线或声波反射的原理来测量的，使用方便，但操作要平稳

为了方便测量，有时需对构件进行固定。固定一方面是为了精准测量构件的尺寸，另一方面是为了更好地切割板材，可利用夹具将板材固定住，长度较短的板材只需在一处固定夹具即可。如果板材过长，为了保证在测量或切割过程中，板材不随意晃动，应当在板材合适的位置，用两个或两个以上的夹具固定住板材，夹具的间距为600～1200 mm，具体数量根据板材的长度而定。

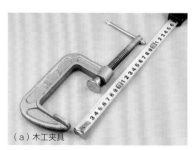

（a）木工夹具

（b）用夹具固定板材

板材固定

固定板材是切割板材的首要条件，务必保证板材固定的稳定性与水平性，板材固定后应与夹具成90°。

6.1.2　精准切割

板材切割主要有曲线切割、直线切割、切割圆孔等方式，多使用锯子、电锯等工具切割。为了确保能够精准切割，在切割之前应当在板材表面做好切割记号，然后再进行后续的切割工作。切割时要控制好切割速度与力度，保证切割面的平整性。在直线切割较宽的板材时，可借助辅助板，这有助于提高切割的精准度。

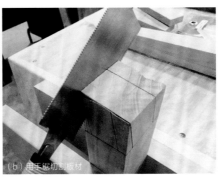

（a）切割记号　　　　　　　　　　　　（b）用手锯切割板材

切割时应将锯子的刀刃对准已标记好的记号，可以先沿着记号线切割出浅浅的划痕，再从上至下慢慢地切割，切割过程中应确保锯子的刀刃部位与记号线呈一条直线。

板材切割

6.1.3　雕刻打孔

板材切割完毕后，还需根据设计图纸进行打孔工作，必要时还需对板材进行雕刻处理。可选用手电钻、修边机、凿子等工具对板材进行开孔或凿刻处理。

（a）用手电钻钻孔　　　　　　　　　　（b）机械钻孔

开孔施工简单，但施工时仍旧不可掉以轻心，如需要在硬质木板材中钉入螺钉，则需提前开底孔，这也能避免木板材开裂。注意，在开孔过程中，一定要固定住木板材，避免其晃动。

板材雕刻、打孔

6.1.4　表面打磨

　　打磨的目的是使板材在视觉上更具美观性，通常会采用砂纸、砂轮、角磨机、电动砂纸机等工具打磨、刨削板材表面。

　　板材表面的打磨通常可以分为两个阶段，即粗打磨与细打磨。粗打磨选用粗粒度的砂纸打磨，细打磨则选用细粒度的砂纸打磨。一般砂纸前缀数字越大，砂纸质地越细。

（a）用砂纸打磨

（b）用电动砂纸机打磨

打磨可以有效提高板材表面的光泽也会对触感有所改善，对后期涂刷涂料也会更有利。

板材打磨

6.1.5　紧密连接

　　用螺丝、膨胀螺栓、胶黏剂等将已加工好的板材零部件连接起来。在正式连接之前，应当根据设计图纸确定构件加工的正确性与配套性。施工时，务必保证连接的牢固性，可先用木工专用胶黏剂涂覆板材，将其连接在一起，再用钉子或膨胀螺栓对其进行加固。

（a）用螺丝刀拧入螺丝

（b）借助配件连接构件

用螺钉连接板材时，应先用曲尺或其他测量工具确定好螺钉连接的位置，并做好标记，然后在标记好的位置钻好底孔，最后用电动螺丝刀将螺钉钉入板材中。整个施工过程一定要保证螺丝刀的刀头与木板之间处于垂直状态，这样螺丝才能垂直拧入。

板材连接

6.2.1 厘清制作要点

这里主要介绍利用木材进行手工种植工具的制作。手工种植工具自由度比较高，趣味性与创意性比较强，能赋予庭院别具一格的氛围感。其制作要点如下：

选择合适的材料

不同类别的木材有着不同的特性。庭院中制作手工种植工具的木材主要有实木材、抛光加工材、集成材、胶合板等。在选择材料时应结合成品的大小、用途、预算等综合考虑（表6-2）。

表6-2 庭院手工种植工具制作常用木材

木材名称	实木材	胶合板	抛光加工材	集成材
图例				
特点	未经过加工的原生木材，木质纹理自然，但尺寸有一定限制，价格也比较高，干燥后还会容易出现翘曲、开裂现象	由数量为奇数的板材黏结而成，强度较高，抗变形性较好，价格低廉，主要有优秀、一等、合格三个等级	板材表面已经过打磨、抛光处理，表面纹理美观，加工方便，尺寸规格比较丰富，若板材没有完全干燥，则极易翘曲	用木方、板材拼接而成，耐久性、抗变形性等较好，强度也较高，价格低廉，含有少量有害物质，选用时注意辨别

设计要落于实际

在施工之前，应当分析设计图纸的可实践性与经济可行性。手工种植工具的施工成本不宜过高，要确保实际施工的科学性，且该手工种植工具不会与庭院内部环境产生冲突。

确保构件连接的紧密性

使用螺丝或膨胀螺栓进行结构固定时，除保证横、纵方向上构件连接的牢固性外，还要保证同一方向上构件连接的水平性。

6.2.2　花盆遮罩木箱制作实例

花盆遮罩木箱的大小要与花盆周边绿植的尺寸相搭配，所选用木材的纹理、色泽等也应与周边环境融合。

1. 准备材料、工具

制作花盆遮罩木箱需要准备的材料主要有木方、粗牙螺钉、螺母、不锈钢片、铁钉、无纺布、油性色漆等，工具包括曲尺、卷尺、夹具、弹簧夹具、电圆锯、电链锯、手锯、铁皮剪、电动螺丝刀、砂轮、电钻、榔头、钉枪、毛刷、抹布等。

分析花盆遮罩木箱各构件之间的连接关系，并按照设计图纸施工，在正式施工之前，应当将施工场所原有的垃圾、碎片等清除干净。

2. 施工步骤

①分析图纸

花盆遮罩木箱构造示意图

②根据图纸做好记号

用卷尺测量好切割范围，用曲尺确定切割形状，并做记号。

做好裁切记号

③根据记号切割板材

用电圆锯切割出侧板，用电链锯切割出板材装饰部分。

切割板材

④板材切割完毕后打磨

切割完的板材四边应用砂纸或砂轮进行适度的打磨。

打磨板材

⑤利用夹具固定侧板

用夹具将花盆遮罩木箱的侧板固定在作业台上，以便后期组装。

仔细调整侧板的位置，保证每一块侧板都能紧密连接，且均垂直于作业台。

组装剩余侧板，将35 mm长的螺钉钉入侧板预先钻好的孔洞内。

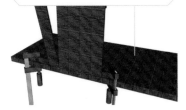

侧板固定

调整侧板水平度

侧板组装完成

⑥前板与侧板固定

按照从下往上的顺序将前板固定在侧板上，要保证前板与侧板对齐。

⑦逐一安装后板

将遮罩木箱倒立，用螺钉按照从下往上的顺序逐一固定后板。

⑧安装小板

在装饰孔旁安装2块小板，小板应与装饰孔所在板材对齐。

固定前板

安装后板

安装小板

⑨在遮罩木箱内安装铁网与无纺布

按照装饰孔洞的大小剪裁铁网，铁网应大于装饰孔大小。

在遮罩木箱内安装铁网，并用钉枪将其暂时固定住。

用木方固定铁网，在侧板与木方之间增添无纺布，并用螺钉固定。

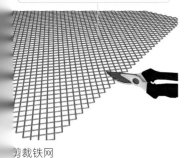

剪裁铁网

安装铁网

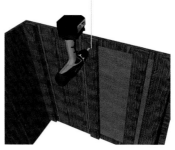

固定铁网与无纺布

遮罩木箱的装饰孔处需用刷子涂刷油性色漆，涂料应浸润木板。

以遮罩木箱的内部尺寸为参照，制作底面栈板，栈板通风性要好。

上罩面为独立的2块，应根据图纸预先制作。

安装底面

安装上罩面

涂刷油性色漆

⑪制作小木箱，放入带植物的花盆

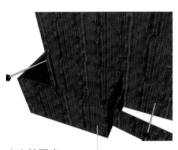

小木箱固定

用刀头较长的电动螺丝刀将组装好的小木箱安装至大木箱上，小木箱要能放得下小花盆。

将带植物的花盆放入遮罩木箱内，用刷子、抹布等对木箱表面进行清洁处理。

放入植物

6.2.3 绿篱搭建实例

绿篱的搭建需要支架辅助，这里主要介绍竹篱的搭建。

1. 准备材料、工具

搭建竹篱需要准备的材料主要包括用杉木加工的原木、细竹竿、麻绳、钉子等，工具则包括刻度尺、水平仪、水平线、剪刀、锯子、电钻、榔头、手铲等。

2. 施工步骤

①竹篱主柱、间柱搭建

在定位好的位置拉好水平线，并在两端挖合适深度的孔洞，埋入主柱，主柱埋入地下的部分宜为地上部分的 1/3，然后于主柱间每间隔 2 m 埋入间柱，注意间柱位置应比主柱位置稍微靠后。

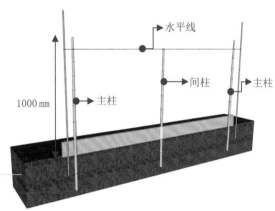

竹篱主柱、间柱搭建

②竹篱横杆搭建

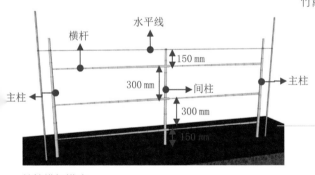

竹篱横杆搭建

竹篱横杆应预先开孔，确定好竹篱横杆的位置后，需在主柱与间柱上做好安装记号，然后根据设计图纸在主柱与横杆相交处钉入铁钉，将横杆固定住。

③竹篱直立立柱搭建

竹篱直立立柱布设间距应相等，确定好直立立柱位置后，可使用榔头将其钉入土中。

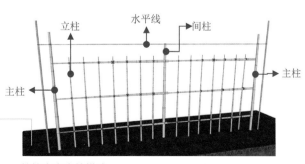

竹篱直立立柱搭建

根据麻绳捆扎示意图，用麻绳将直立主柱与横杆逐一捆扎起来，捆扎应牢固，注意麻绳的绳结应在直立主柱安装的那一侧。

（a）麻绳捆扎步骤①

（b）麻绳捆扎步骤②

（c）麻绳捆扎步骤③

（d）麻绳捆扎步骤④

（e）麻绳捆扎步骤⑤

（f）麻绳捆扎内侧十字结

（g）麻绳捆扎外侧二字结

捆扎直立主柱与横杆

⑤种植植株

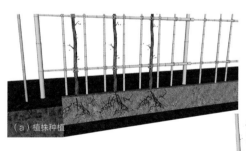

（a）植株种植

沿竹篱横杆种植绿植，品种可自由选择。植株同样需要用麻绳固定，注意植株的土坑深度宜为400 mm，坑间距需控制好。

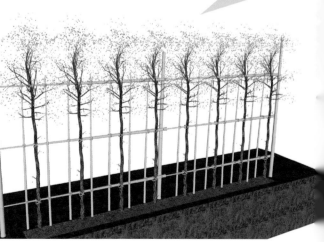

（b）竹篱搭建完成

竹篱搭建完成

庭院休闲座椅制作

6.3.1 明确制作要点

庭院座椅的制作应满足人体对舒适度的要求，并需具备一定的设计感，普通座面高为 380～400 mm，宽为 400～450 mm。所选用的材料多为木材、石材、混凝土、陶瓷、金属、塑料等，应该优先选用触感好的材料，木质座椅还需做必要的防腐处理，座椅转角处也应做磨边倒角处理。

庭院休闲座椅的标准长度为：单人椅长约为 600 mm，双人椅长为 1200 mm，三人椅长为 1800 mm，靠背座椅的倾角则以 100°～110° 为宜。

（a）单人椅

（b）双人椅

庭院休闲座椅

（c）三人椅

6.3.2 休闲长椅制作实例

此处介绍的休闲长椅的制作十分简单，在制作前应当选择与庭院环境相匹配的材料。

1. 准备材料、工具

制作休闲长椅需要准备的材料主要有木方、螺钉、油性色漆等，工具则包括曲尺、卷尺、夹具、弹簧夹具、电圆锯、木工锯、电动螺丝刀、砂轮、电钻、榔头、毛刷、抹布等。

> 分析长椅各组件之间的连接关系，确定材料裁切尺寸，以便更好地进行长椅的制作。

2. 施工步骤

①分析图纸

（a）长椅结构示意

（b）长椅椅面示意

长椅构造示意图

②裁切材料

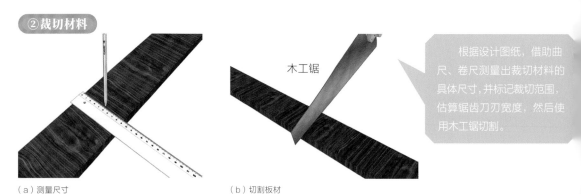

木工锯

（a）测量尺寸　　　（b）切割板材

裁切材料

> 根据设计图纸，借助曲尺、卷尺测量出裁切材料的具体尺寸，并标记裁切范围，估算锯齿刀刃宽度，然后使用木工锯切割。

制作长椅腿部构件时要保证下部木板与垂直连接的木板能够稳妥地固定在一起，上下木板之间要保持平行。

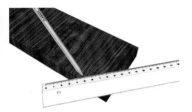

（a）绘制斜向切割线

（b）沿斜线切割材料

（c）对齐上下连接的木板中心

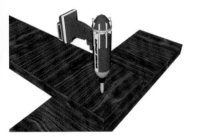

（d）为腿部构件钻孔

长椅腿部构件制作

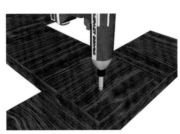

（e）用电动螺丝刀拧入螺钉

（f）腿部构件制作完成

④连接长椅腿部构件与支撑栈板

根据长椅的设计图纸确定支撑栈板的安装位置，并分别在上、下两处钻底孔，注意支撑栈板安装不可歪斜，腿部构件与支撑栈板之间连接需牢固。

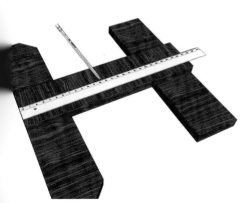

a）标记钻孔位置

安装支撑栈板

（b）用电钻钻

（c）使用电动螺丝刀拧入螺丝

（a）确定椅面钻孔位置

（b）为椅面钻孔

将椅面木板放置到相应位置上，从而确定椅面木板与椅腿构件接触的那部分木板的宽度中心线，并做好记号，以便后期钻孔。长椅制作完成后可根据需要进行表面涂装，从而使长椅与庭院环境更适配。

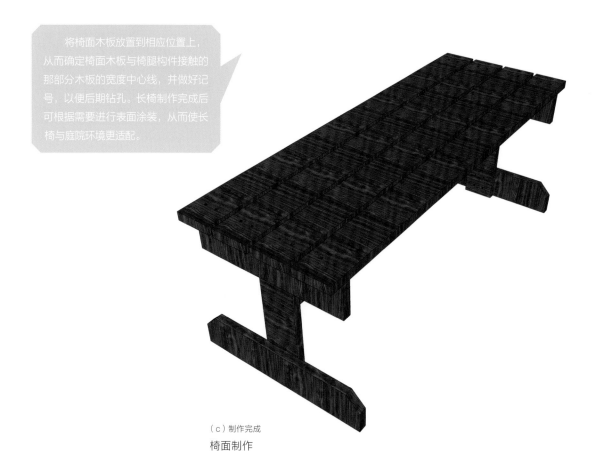

（c）制作完成

椅面制作

6.4 庭院小型围栏制作

6.4.1 小型围栏常用材料

庭院小型围栏常用 PVC 材料与实木材料制作。前者价格低廉，视觉效果一般；后者多选用樟子松、菠萝格等树种，防腐性较好，可购买这类半成品进行具体加工。

（a）PVC材质的围栏

（b）木质的围栏

庭院小型围栏主要用于庭院中灌木、花卉种植区域的划分，围栏高出地面 500～600 mm 即可。

庭院小型围栏

6.4.2 小型围栏制作实例

这里主要介绍小型木质围栏的制作，具体制作步骤如下：

① 木料裁切

根据设计图纸，计算好材料用量，并使用木工锯将材料切割成设计尺寸。

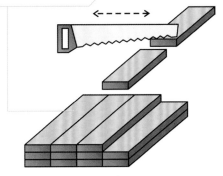

樟子松防腐木原材规格为：
宽为 90 mm，厚为 20 mm，长为 4000 mm

裁切木料

② 修整成型

修整木料边角，在端部切出等腰直角三角形，木料入地深度约 200 mm，木料整高可为 800 mm。

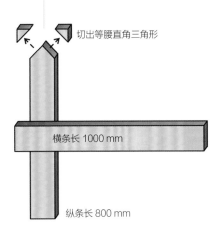

切出等腰直角三角形

横条长 1000 mm

纵条长 800 mm

修整成型

③安装固定

用螺钉将木料钉接起来，钉接间距为 333 mm，木料之间的结合处还需要用白乳胶强化固定。

④地面挖坑

围栏制作完成后，可在地面挖坑，坑底要夯实，可以用较粗的木桩打压坑底。

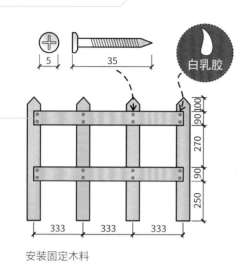

安装固定木料

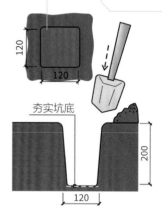

在地面挖坑

将制作完成的围栏放入坑内，用橡皮锤敲击固定，并于缝隙处填土，再次压实土层表面。

⑤固定围栏

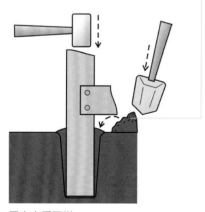

固定木质围栏

⑥安装完成

围栏安装完毕后，还需全面检查，并进行适当的调试，要保证围栏安装的牢固性。

安装完成

7

庭院山石水景施工

本章导读

　　山石水景是庭院中比较有特色的景观，由于受到庭院空间大小与经济条件的限制，山石、水景的规模也会有大有小。山石水景能装点庭院环境，赋予庭院艺术美。在进行具体的设计与施工时一定要充分结合庭院的场地气候、地形特征、水源条件等因素，利用现有的材料，以自然山石、水景为蓝本，进行新的创造，从而使庭院整体环境更具舒适性与美观性。

7.1.1 常见庭院山石垒砌方式

山石垒砌是将石材或仿石材料布置成庭院岩石景观，从而使其在具备装饰功能的前提下，兼具挡土、护坡、种植床或摆设等实用功能。庭院中常见的山石垒砌方式主要有以下几种：

 1. 特置

特置山石常在庭院中用作入门的障景与对景，或置于视线集中的廊间、天井中央、漏窗后部、水边、路口或庭院道路转折处等。主要选用一块出类拔萃的山石来造景，也有的将两块或多块石料拼接在一起，形成完整的单体巨石。

特置山石可以与壁山、花台、岛屿、驳岸等结合使用，新型庭院多结合花台、水池或草坪、花架来布置。

 2. 对置

对置山石设计效仿特置石，其垒砌特点在于追求山石的对称感和平衡感。对置山石在数量、体量及形态上没有要求必须完全对等，在构图上能获得均衡感与稳定感即可，能更好地控制平衡。

对置是两块山石作为组合，相互呼应的置石手法，对置山石常立于庭院道路两侧，这种垒砌方式能很好地衬托庭院环境，丰富庭院景色。

特置

对置

❸ 散置

散置是利用少数几块山石，根据审美原则将其重新搭配组合，或置于门侧、廊间、池中，或与其他景物组合造景，从而为庭院创造出多种不同的景观。

> 散置山石布置讲究置陈、布势，这种垒砌方式使石山可以独立成景，也可与山水、建筑、树木等连成一体，形成新的景观。

散置

❹ 群置

群置是将几块山石成组排列，将其作为一个群体来表现，或采用多块山石互相搭配的布置，也称为大散点。

> 群置要求石块大小不等，主从分明，层次清晰，疏密有致，前后呼应，高低有致，但是不宜排列成行或左右对称排列。

群置

7.1.2　庭院山石构造详解

❶ 相石

相石又称读石、品石，石料到了施工工地后应分块平放在地面上以供相石之需。对现场石料应反复观察，并进行区别。可从山石材料的质地、纹理、体量等角度出发，选择更适合庭院环境的山石。相石结束后，还需根据山石构造的设计创意按造型与要求对山石进行分类排列，对关键部位用石要做出标记，以免滥用。

> 石料中的镂空造型是观赏的重要元素，也是相石的基本标准。如果天然石料中没有镂空造型，可以对其进行加工，以形成褶皱波浪纹理，甚至模拟出镂空纹理造型。

山石纹理

> 天然石料表面的皱褶或波浪纹理同样具备一定的观赏价值，多呈横向走势。

2. 立基

庭院山石的基础表面高度应在土表或池塘水位线以下 300~500 mm。常见的基础形式有以下几种：

> 桩的长度为山石高度的 60 % 左右，一半插入地下，一半露出地面，木桩顶端露出湖底 200~800 mm，其间用块石嵌紧，再用花岗石压顶。

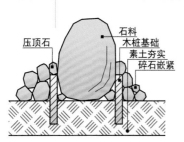

桩基础构造示意图

（1）桩基础

庭院山石多选用平直、耐水的柏木桩或杉木桩，木桩规格为 ϕ 100~150 mm。桩间距约为 200mm，其宽度视山石底脚的宽度而定，如做驳岸，少则三排，多而五排。

> 有桩基础的山石造景具有较强的稳固性，桩通常被隐藏在山石内部，可在庭院基础范围内均匀分布。

桩基础山石

（2）灰土基础

这种基础的宽度应比山石底部宽 500 mm 左右，灰槽深度为 500~600 mm。高度小于 2 m 的山石是打一步素土与一步灰土，高度在 2~4 m 的山石则是用一步素土与两步灰土。其中，一步灰土指布灰厚 300 mm，踩实到 150 mm，再夯实到 100 mm 左右。

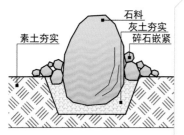

灰土基础构造示意图

> 灰土基础比较稳固，应选择新出窑的块灰，通常灰、土的调配体积比例宜控制为 3：7。

> 灰土基础山石外观平实、自然，可塑性强，且灰土经凝固后便不透水，可以有效减少土壤冻胀的破坏。

灰土基础山石

（3）石基础

这种基础主要是将石材置于浅土坑内，石材高度的40%嵌入土坑中固定，从而形成新的山石景观。这种基础多用于土基较好的地方，常采用毛石、条石等石材。

石基础构造既适用于体量不大，坑基不深的山石造景，也可用于表现单个石材的造型艺术。

石基础构造示意图

石基础可用于特置石景，常应用于庭院水岸边，水面能很好地覆盖基础。

石基础山石

（4）混凝土基础

在基土坚实的情况下可以在素土槽中浇筑混凝土，基槽宽度与灰土基层相同。陆地上混凝土基础选用密度不低于 C15 的混凝土，水泥、砂、卵石配合的重量比为 1：2：4～1：2：6；水中假山采用 C15 水泥砂浆砌块石或 C10 混凝土做基础为妥。

混凝土基础构造的牢固性、耐压性较好，施工速度也较快，但施工成本较高。

混凝土基础构造示意图

混凝土基础适用于立地条件较差或有特殊要求的假山，一般其构成的山石景观占地面积较小。

混凝土基础山石

③. 拉底

拉底又称为起脚，其山石大部分在地面以下，只有小部分露出地面，主要起到维持山石底层稳固性，控制山石平面轮廓的作用，多选用顽夯的大石拉底。

假山底石所构成的外观不是连绵不断的，但即使山石散落布置，在视觉上也不可有中断感。

断续相同

应用力捶垫上层石料底部，使其平整，从而保持整体山石的重心稳定。应选择体量大，水平面向上的石块做基石。

底部平稳

山石外观要有断续的变化，但结构上必须一块紧连一块，接口力求紧密，最好能互相咬住。

根据山石组合要求确定底石的位置与发展的体势，并简化处理视线不可及的一面，应呈现山石的可观赏面。

统筹向背

紧连互咬

曲折错落

山石底脚的轮廓线一定要打破直砌僵硬的概念，要为假山的虚实、明暗变化创造条件。

4. 中层

中层是指底层以上，顶层以下的大部分山体，是体量最大，最引人注目的部分。中层构筑应遵循接石压茬、偏侧错安、避免仄立、等分平衡等要求。

应避免形成长方形、正方形、等边三角形、等腰三角形布置，要能为各个方向创造新的观赏造型。

山石上下的衔接应严密，避免露出下层石料上很破碎的石面。

接石压茬

偏侧错安

山石可立、可蹲、可卧，但不宜像闸门板一样仄立，仄立山石稳定性与观赏性均不佳。

避免仄立

等分平衡

应用数倍于凸出石料的重力稳压内侧，将向外凸出的重心拉回到山石的重心线上，保持山石等分平衡。

★ 小贴士

山石构筑措施

① 平稳填充。为了安置底面不平整的山石，在找平石料上表面后，会在底部不平处垫上几块能控制平衡且传递重力的垫片，又称为重力石，两石之间不着力的空隙内也要适当地用块石填充。

② 金属加固。必须在山石重心稳定的前提下加固，常用材料为熟铁、钢筋。

③ 勾缝处理。通常水平方向的缝都为明缝，在需要时可将垂直缝勾成暗缝，即在结构上构成一体。注意勾明缝不要过宽，最好不超过 20 mm，如果缝过宽，可用大小适宜的石块填缝后再勾缝。

⑤ 收顶

收顶即处理山石最顶层的石料。从结构上来说，收顶的山石要求体量较大。从外观上来看，顶层山石的体量虽不如中层大，但具备画龙点睛的作用。

山石收顶既要显得稳重，又要具备一定气势，宜选用轮廓与体态有一定特征的山石。注意安装方式，通常需在暗处用 1：2 水泥砂浆黏结牢固。

（a）群山石

（b）独立山石

山石收顶

7.1.3　庭院山石塑造

庭院中除利用自然山石进行各种山石布置外，还会利用混凝土、玻璃钢、有机树脂等现代材料，以雕塑艺术的手法来仿造自然山石，这便是我们常说的山石塑造。以这种方式塑造的山石具有与真山石同样的功能，这样的山石在庭院装饰中应用较广。

（a）模型底座

① 山石塑造模型

山石塑造设计要综合考虑山石的整体布局，常用石膏以 1：10～1：50 的比例制作山石塑造工程模型，一般制作两套，一套放在施工现场，一套按模型坐标分解成若干小块，作为施工参考依据。

（b）模型灰膏调配

山石塑造实际施工时，应利用模型的水平、竖向坐标划出模板，包括水景与悬石的部位，并在悬石部位标明预留钢筋的位置与数量，以便后期施工。

（c）山石模型初步完成

山石塑造模型制作

2. 山石塑造步骤

现代山石塑造工艺主要有砖骨架与钢骨架两种，这两种方法均能塑造出比较真实的山石感。为了保证大型山石塑造的稳定性与真实性，施工时还需要制作钢筋混凝土基础，并搭设脚手架，这能有效提高施工效率。

砖骨架山石塑造的具体施工步骤为：放样开线→挖土方→浇混凝土垫层→砖骨架打底→塑造面层→面层批荡上色→修饰成形。

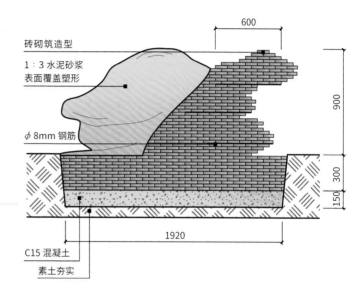

砖骨架山石塑造示意图

钢骨架山石塑造的具体施工步骤为：放样开线→挖土方→浇混凝土垫层→焊接钢骨架→做分块钢架→铺调钢丝网→双面水泥砂浆打底造型→面层批荡上色→修饰成形。

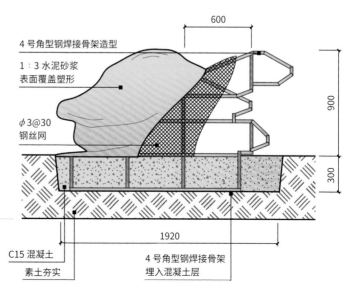

钢骨架山石塑造示意图

3. 山石塑造技术要点

（1）基架设置

山石塑造的骨架结构有砖结构、钢架结构或砖结构与钢结构相结合，也有的利用建筑垃圾、毛石作为骨架结构。其中砖结构简便节省，方便修整轮廓，对于山形变化较大的部位，还可结合钢架、钢筋悬挑。

（2）泥底塑型

用水泥、黄泥、河沙配成可塑性较强的砂浆，对已砌好的骨架进行塑形，并反复加工，使造型、纹理等基本上接近模型。在塑造过程中，还可以添加玻璃纤维网或钢丝网来增强水泥砂浆的表面抗拉扯能力，这也能有效防止水泥砂浆开裂脱落。

（3）塑面

塑面即在塑体表面进一步细致地处理石料的色泽、纹理与表层特征，用石粉、色粉按照适当比例配白水泥或普通水泥，在塑体表面制作出粗糙、平滑、拉毛等塑面效果。通常工程量较大的山石塑面多采用细石混凝土或水泥砂浆喷涂，喷涂工艺与常规建筑施工类似，注意喷涂一定要均匀，这样塑体的真实感会更强。

（4）设色

在塑面未干透时对山石塑造进行设色，先将颜料粉与水泥加水拌匀，再对山石塑造进行逐层洒染，确定基本色调。在石缝孔洞或阴角部位略施稍深的色调，待塑面九成干时，在凹陷处洒上少许绿色、黑色或白色等大小、疏密不同的斑点，以此增强山石的立体感与自然感。

玻璃纤维网覆盖在塑造山石表面时能有效预防其开裂。

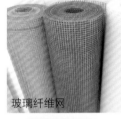

玻璃纤维网

体量较大的山石塑造表面可覆盖钢丝网，以进一步加强山石表面的硬度。

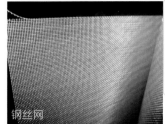

钢丝网

可通过水泥砂浆罩面来塑造山石的自然皴纹纹理，以直纹为主、横纹为辅的山石，较能表现山的峻峭、挺拔。

山石纹理塑面

为石料设色时可在白水泥中掺加各种色料，或在水泥中添加灰土，以使山石颜色更自然。

山石表面色彩

7.2.1　庭院水景设计形式

　　水具有轻盈、灵动、形式多样等特征，在庭院中设置水景，一方面能够让庭院更具美感，另一方面也能很好地陶冶情操，洗涤心灵，对高品质居住环境的塑造也有很大帮助。

 涌泉

　　涌泉是水从下向上冒出，但不会喷高的小景。可通过景观石或瓶瓶罐罐塑造一处微景观喷水景，赋予庭院灵动美。

　　矩形砌筑水池微景涌泉于宁静中展现出一丝活力，翻涌的水花丝毫不张扬，这种动静结合的水景，能赋予庭院别样的意境。

　　圆形石料微景涌泉以石坛作为容器，水从坛口溢出，具有一定的平缓流动美。

圆形石料微景涌泉

矩形砌筑水池微景涌泉

 叠水

　　叠水是指形态规则的落水景观，常与院墙、建筑、挡土墙等结合设计。主要可分为独立叠水与群组叠水，根据与地面落差大小的不同，又有单级或多级之分。

　　此处群组微景叠水有三级叠水，从高到低依次提供连续的水流，从而形成微缩的瀑布景观。这种叠水景观整齐有序，很适合简洁、明快的庭院。

　　独立微景叠水具有形式美与工艺美，水从高处跌落下来，线条感比较强。

独立微景叠水

群组微景叠水

3. 叠水

叠水是利用山坡地，使水流分层，呈阶梯状连续流出。常见叠水形式有三叠泉、五叠泉等。高低错落的台阶，清脆悦耳的潺潺流水，都能给人以回归自然的享受。

微景分散叠水能够巧妙地运用地形，打造层层叠叠的水景观，这也是美化地形的一种最理想的叠水景观。

水由上至下，层层叠叠流到各级石板上，最终流入水潭中。分层流下的水景，能赋予庭院动态美。

微景集中叠水

微景分散叠水

4. 管流

管流适用于面积较小的庭院，主要利用外露式的出水管以独立式或阵列式的方式出水，水流主要呈线状。这种微水景观能给人一种轻松愉悦之感。

此处微景雕塑管流以鱼为载水工具，且鱼呈陈列式，水从鱼嘴中涌出，在视觉上有比较强的统一感与灵动感。

微景竹管管流用竹子做水景管道，水流以抛物线的形式流到下方容器中，再经过层层流动，一直流至最底层的鹅卵石上，韵味十足。

微景竹管管流

微景雕塑管流

5. 水幕水帘

水幕的水流形态比较紧密，通常水流依附的墙面是什么样，水流的形态便会是什么样。水帘则是通过控制出水口的形状与大小来实现对水流量的控制，从而获取不同形态的水帘。

水帘呈水柱形态，水流十分有序的一根根地流下来，水花溅落，水声轰隆，是庭院中很别致的存在。

水幕能够形成较大幅面的水流形态，是庭院水景中十分亮眼的设计。

水幕

水帘

6. 浅水池

浅水池通常深度在 1 m 以内，包括小型游泳池、造景池、水生植物种植池、鱼池等。可选用形状规则的池形或多个水池对称的形式，也可采用布局自由、参差跌落的自然式水池形式。

庭院浅水池可设计为浅盆式与深盆式，水深小于600 mm 为浅盆式，水深大于或等于 600 mm 为深盆式。

浅水池

7. 涉水池

涉水池有水面下涉水与水面上涉水之分。前者主要用于嬉水，其深度不超过 0.3 m，池底必须进行防滑处理，不能种植苔藻类植物。后者主要用于跨越水面，应设置安全可靠的踏步平台与踏步石（汀步），尺寸不小于400 mm×400 mm，并能满足连续跨越的要求。

水面上涉水池必须设置水质过滤装置，应保持水的清洁，以防儿童误饮池水。

涉水池

饮泉、洗手台

饮泉按龙头位置可以划分为顶置型与旁置型。前者的龙头安装在饮泉主体顶部,水流向上如喷泉一般;后者的龙头在饮泉主体侧面,拧动龙头出水。饮泉制作材料有混凝土、石材、陶瓷、不锈钢、铁、铝等多种类型。

饮泉的高度宜在 800 mm 左右,供儿童使用的饮水器高度宜在 650 mm 左右,并安装在高 100 ~ 200 mm 的踏台上。饮泉可以在庭院灌溉供水的基础上扩展修建,如果需要获取直接饮用水,则可以加装饮水净化器。

饮泉、洗手台是满足人饮用与清洁需求的供水设施,同时也是庭院景观的重要组成部分。

饮泉

9. 休闲游泳池

休闲游泳池根据使用人群可分为儿童游泳池与成人游泳池,儿童游泳池深度宜为 0.6 ~ 0.9 m,成人游泳池深度宜为 1.2 ~ 2 m。儿童游泳池与成人游泳池也可统一考虑设计,可将儿童游泳池放在较高位置,水经阶梯式或斜坡式跌落流入成人游泳池,既能保证安全又可丰富游泳池的造型。

休闲游泳池不宜做成正规比赛泳池,池边宜尽可能采用优美的曲线,以加强水的动感。

休闲游泳池

7.2.2　庭院水景施工细节

庭院给水设计应同步考虑日常生活用水、消防用水、灌溉用水等用水工程，施工前必须先确定用水量。

水路布设施工

目前庭院用水水源多为自来水、地下井水或天然池塘水。普通自来水价格昂贵，宜考虑利用自然水来做灌溉用水与观赏水景用水，还可以采用收集起来的雨水。收集的雨水要经过过滤净化，可在庭院中增加导流渠、水泵、过滤设备、储水箱等设施。设计给水时，应预先获得区域资料，并通过不同用水类型、用水量等数据来设计庭院供水的方案。

（1）施工方法

管线的具体施工步骤为：识别管线布局图→根据定位放置管线节点→连接管线相邻节点→放线，挖槽→预埋水管→垫砂做加固处理→准备好管材、安装工具、管件、附件等材料→计算好相邻节点间所需管材与管件的数量→按照先干管，后支管，再立管的顺序安装水管→通水检验管道渗漏情况→用砂土或石材填实管底与固定管道→填土→全面检查。

（2）施工要点

① 洞孔中心线应与穿墙管道中心线吻合，洞孔应平直，且安装前需清理管道内部，保证管内清洁、无杂物。

② PP-R 管给水管采用热熔焊接，PVC 排水管采用胶水黏结。连接时应找准各管件端头的位置与朝向，以确保安装后连接各用水设备的位置正确。

③ PVC 排水管正式黏结前必须进行试组装，并需先清洗插入管的管端外表约 50 mm 的长度与管件承接口内壁，再用蘸有丙酮的棉纱擦洗，然后在两者黏结面上用毛刷均匀地涂上黏合剂，不能漏涂。

④ 水路走线开槽应保证暗埋的管道在墙内、地面内，完工后不应外露。开槽的宽度要大于管径 20 mm。管道试压合格后，用 1∶3 水泥砂浆将墙槽填补密实。

庭院用水

庭院管线定位标记

给水多采用 PP-R 管，排水管多采用 PVC 管，施工前应对庭院布设管线的部位进行精确测量并标记。

⑤ 管道敷设应横平竖直，管卡位置及管道坡度均应符合规范要求，各类阀门的安装位置应正确、平正。

⑥ 明装给水管道的管径宜在 15～20 mm，管径小于或等于 20 mm 的给水管道固定管卡的位置应在距转角、小水表、水龙头、三角阀及管道终端 100 mm 处。

⑦ 屋顶排水管不能直接连通庭院土壤，应连接市政排水管道。安装 PVC 排水管应注意管材与管件连接件的端面一定要清洁、干燥、无油，应去除毛边与毛刺。

⑧ 采用金属管卡或吊架时，金属管卡与管道之间应用橡胶等软物隔垫。整体安装完毕后，需用水泥砂浆固定，再回填或铺装装饰材料。

庭院管道施工完毕后应进行水压试验，给水管道试验压力应不低于 0.6 MPa，试压合格后还需做好相应的隐蔽工程验收记录工作。

管道尽量沿着墙壁布设，要保证管道的整齐与美观，管道交错时可采用专用管件连接，使管道错开。

庭院中的饮用水管可选用缩胀性更好、更环保、安全的不锈钢管，为了防止庭院管道冻结，可在其外部套接聚乙烯保温套，这种材料具有较好的防冻性与保温性。

庭院管道安装　　　　　　聚乙烯保温套　　　　　　给水试验

防水施工

庭院中新构筑的水池、阳光房等需要重新制作防水层，即使在施工中没有破坏原有的防水层，也应该重新施工。

（1）施工方法

制作防水层的具体步骤为：整平基础地面→润湿施工界面→按比例调配防水涂料→分层涂覆地面、墙面，涂刷 2~3 遍→等待防水涂料干燥→全面检查→用素水泥浆涂刷整个防水层→等待水泥浆干燥→封闭灌水，进行检测渗漏实验→24 小时后无渗漏，继续施工。

（2）施工要点

① 施工前要保证水池等基础底面平整、牢固、干净、无明水，若有凹凸、裂缝必须抹平。

② 涂覆防水涂料时需注意，涂层应均匀，每遍间隔时间宜超过 12 小时，以干而不黏为准，涂层厚度为 1 mm 左右，必须保证涂层无裂缝、翘边、鼓泡、分层等现象。

③ 如果是对庭院水池地面进行改造，需更换水池中瓷砖的话，将原有砖块凿去之后，要先用水泥砂浆进行地面找平，然后再做防水处理。

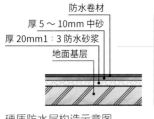

防水卷材
厚 5~10mm 中砂
厚 20mm 1:3 防水砂浆
地面基层

硬质防水施工采用防水卷材，成本较高，适用于面积较大的庭院地面、水塘防水。

硬质防水层构造示意图

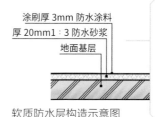

涂刷厚 3mm 防水涂料
厚 20mm 1:3 防水砂浆
地面基层

软质防水通过涂刷防水涂料实现防水，成本较低，适用于小面积区域的防水填补，如墙地面转角、阳光房屋顶、小型水池等。

软质防水层构造示意图

③. 电路布设施工

庭院中多会安装灯具用于照明，功能齐全的庭院还会预留插座，或安装水泵等电器设备。为了保证用电的安全性，一定要严格按施工标准来。

（1）施工方法

庭院电路布设施工的具体步骤为：草拟布线图→使用墨线盒弹线定位→墙面标记线路终端插座、开关面板的位置→在顶、墙、地面开线槽→埋设暗盒→敷设 PVC 管或镀锌钢管→将单股线穿入管中→安装庭院电路专用空气开关→安装各种开关插座面板→安装庭院灯具→通电检测→完成电路布线图→备案并复印电路布线图。

（2）施工要点

① 庭院电路施工中所使用的电源线应该满足用电设备的最大输出功率。通常照明电线横截面积宜为 1.5 mm²，插座与动力设备电线横截面积宜为 2.5 mm²，少数设备电线横截面积宜为 4 mm²。

② 庭院的电器设备工作电流应与终端电器的最大工作电流相匹配，照明宜为 10 A，插座与动力设备宜为 16A。

③ 庭院地面布线应采用加强型 PVC 管或镀锌钢管，墙面布线可采用普通 PVC 管，环境潮湿且山石较多的庭院应选用镀锌钢管，护套线布设在地面时也应采用穿线管。

④ 各种管材应用管卡固定，接头均用配套产品，并用 PVC 胶水粘牢，弯头均用弹簧弯曲构件连接，注意镀锌钢管的连接应用螺纹接头。

⑤ 暗盒、拉线盒与穿线管都要用螺钉固定，且安装好穿线管后，应统一穿电线，同一回路的电线应穿入同一根管内，但管内电线不应超过 8 根，电线总横截面积不应超过管内横截面积的 40%。

⑥ 安装电源插座时，面向插座的左侧应接零线（N），右侧应接火线（L），中间上方应接保护地线（PE）。保护地线为截面为 2.5 mm² 的双色软线，导线间与导线对地间电阻必须大于 0.5 Ω。

应当分出一路电线专供庭院使用，并在庭院墙面另设空气开关控制电源，电线连接应严密。

独立的空气开关

灯具位应设接线暗盒固定，线头要留有 150 mm 左右的余量，接头搭接应牢固，应用绝缘带均匀包缠。

庭院接线暗盒

布线时应坚持横平竖直、避免交叉、美观实用的原则，且开槽深度应一致。

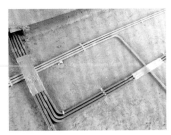

庭院布线

庭院主电路管线可埋在土层下，注意密封严实，入户庭院的管线直接摆放在地面，并用线卡固定。

庭院主电路管线铺设

7.2.3　庭院水池施工

庭院水池多由砖石砌筑而成，在施工过程中应控制好尺度。水池附近的地表水不应排入池内，水池坡面要向外，要能将水排到排水沟或水源保留区中。

庭院中较大的水景池边缘宽度应不小于300 mm，可以用石头来填补，并掩盖坡面走向。用于观赏、展示的水池的深度多在400～800 mm。喷泉的蓄水池深度则要达到400mm。用于灌溉、聚集雨水的水池的深度则为800～2000 mm，施工时应在水池周边竖立围栏或其他围障。

（a）水景池

（b）观赏水池

庭院水池

水池不同结构的施工要点见表7-1。

表 7-1　水池不同结构的施工要点

结构	图例	施工要点
干舷		水位线与水池边上部的距离。干舷应随池边条件、水池功能的不同而变化，溢水槽无须干舷，悬挑与台阶边缘要求干舷至少有 25 mm，而墙体或植物边缘则要求干舷更大，可多达 150 mm
界面		包括池壁、池底、池顶等。为了保证水池界面不漏水，砌筑施工时宜使用防水混凝土，并采用防水材料。大型水池还应考虑适当设置伸缩缝、沉降缝，这些构造缝应设止水带，并用柔性防漏材料填塞
水口		包括水池进水口、泄水口、溢水口等。进水口可设置在明处，也可设置在隐蔽处或结合山石布置。水泵的吸水口可兼作泄水口，且泄水口处应设格栅或格网。溢水口可控制池中水位，常用形式有堰口式、漏斗式、管口式、连通管式等，应均匀布置在水池内

结构	图例	施工要点
防水		庭院中具有一定深度的水井、鱼池、观赏水池，均可采用防水棉进行防水施工，注意施工时应对防水棉周边进行封边处理，应将防水棉与施工基层紧密连接在一起
装饰		可根据水景的要求，选用深色的或浅色的池底镶嵌材料装饰水池。池底常常用白色浮雕如美人鱼、贝壳、海螺之类装饰，构图颇具新意，装饰效果突出。也可选用造型独特的装饰小品，如石灯、石塔、小亭、荷花灯、金鱼灯等来装饰水池

7.2.4　庭院小型水景园施工

近年来，小型水景园逐渐开始得到比较广泛的应用，主要有盆池、衬池、混凝土池几种形式。

盆池

盆池适用于屋顶花园或小型庭院，可用于种植单独观赏的植物，如碗莲、千曲菜等，也可用于饲养观赏鱼类等。随着现代工艺与材料的更新，预制盆池开始应用于庭院中，这种盆池多为陶瓷、石材、玻璃纤维、塑料等，形状各异，常将其设计成可种植水际植物的壁架。

预制盆池施工时只需在地面挖一个与盆池外形、大小相似的穴，去掉石块等尖锐物，再用湿的泥炭或砂土铺底，将盆池水平填入即可。预制盆池便于移动，养护简单，使用寿命长，但体量与外形有一定限制，使用时需注意。

木桶、瓷缸都可用作盆池，基本上任何能有 300 mm 水深的容器都可作为盆池使用。通常陶制盆池价格低廉，石质盆池价格较高，但效果会更真实。

（a）陶瓷盆池

（b）石质盆池

不同材质的盆池

❷ 衬池

衬池采用衬物制成，所用的衬物以耐用、柔软，具有伸缩性，能适合各种形状者为佳，大多由聚乙烯、聚氯乙烯、尼龙织物、聚乙烯压成的薄片与丁基橡胶制成。衬池的具体施工要点如下：

① 衬池施工前应先设计好形状，然后放线、定位、开挖，挖好后要仔细剔除池底、池壁上凸出的尖硬物体，再铺上数厘米厚的湿砂，以防损坏池衬。为适合不同水生、水际植物的种植深度，池底以深浅不一的台阶状为宜。

② 使用具有伸缩性的池衬铺设时，衬池周围可先用重物压住，然后向其中注水，可借助水的重量使池衬平滑地铺于池底。

③ 池衬铺设完毕后，需在池周围用砖或混凝土预制块环砌一周，以便固定池衬，将露在外面的多余池衬沿边整齐地剪掉。

④ 如果衬池需要自然式周边，可做成自然山石池岸，且衬池主体施工完毕后，还可以对其进行必要的装饰，如铺撒鹅卵石，种养植物等。

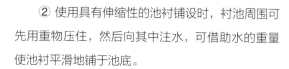

衬池通常可使用 4～5 年，质量好且保养好的衬池可使用 10 年左右。这种水景园可以有各种颜色，如灰色、褐色、黑色及各种自然色等，但不宜使用蓝色或浅蓝色，因为这种色彩与植物色彩会产生一定的冲突。

（a）衬池

衬池

（b）衬池装饰

❸ 混凝土池

混凝土池可按设计要求做成各种形状与各种颜色的，具体施工要点如下：

① 对于自然式且有一定坡度的池壁，应先在池底砌 100 mm 厚的混凝土，然后加钢筋网，接着喷 1 层 50 mm 厚的混凝土，最后将表面砌光滑。

② 对于池壁坡度大或池壁与池底垂直的水池，在砌池壁时应采用模板。若为直线式池壁，用木板

或硬质纤维板即可；若为曲线式池壁，则需用胶合板或其他强度合适的材料，弯成所需形状后再施工。

③ 为了使池面光滑，无裂缝，宜慢慢干燥，应随时用防水砂浆填补池底、池壁易开裂的部位，最好用湿麻袋等物覆盖，以使池底、池壁保持湿润，并不断喷水，持续 5～6 天即成。

④ 新筑的混凝土中含有大量的碱，可在池中放满水，7～10 天后将水排空，再加些高锰酸钾或醋酸中和即可。

混凝土池施工时，为了防止木板粘住混凝土，可在其内侧涂上脱模剂。如果池壁有着色要求，则应在最后一层混凝土中放入颜料，水线以下部位不宜涂有颜料的混凝土。注意经过着色的混凝土水池中不可饲养食用鱼或食用水生植物，以免颜料、涂料危害人体健康。

（a）涂刷脱模剂

（b）混凝土池完成

混凝土池

★ 小贴士

水景工程常用术语

① 蓄水结构。所有水景都有蓄水系统，除了有些喷泉利用隐蔽蓄水池外，蓄水系统通常与水池或池塘系统合为一体，选择蓄水形式是设计水景的一项重要任务。

② 水泵。水泵可以放在蓄水池中，或设置在水景附近，它属于水景系统的一部分。滤水系统必不可少，它对日常的排水、清洁、现场过滤、再注入水等起着十分重要的作用，大型且更复杂的庭院水景通常还需使用遥控装置来控制水泵。

③ 流速。在国际标准单位中以升／秒（L／s）表示，在美制单位中以加仑／秒（gal／s）表示。

④ 压力。水压的国际单位为千帕（kPa），由于管道装置会产生摩擦力，所以会造成整个水景系统压力损失 10% 左右。阀门、滤网与其他装置造成的压力损失可利用厂商提供的数据加以计算，通常整个设备系统垂直升高或下降 1 m，压力就会随之增加或降低 9.8 kPa。

⑤ 过滤系统。喷泉过滤系统通常使用高速砂过滤泵，过滤泵必须选用与喷泉水泵大小相当的产品。

⑥ 管道。在布置小水量系统时应当注意，输水系统的水平长度应小于 60 m，流速应小于 750 L／h，工作压力应小于 275 kPa，应当使用 ϕ 150 mm 的 PVC 管。

7.3.1 庭院装饰石组施工

庭院装饰石组能增强庭院环境的氛围感，设计时应结合周边植物与光照变化规律。

 准备材料、工具

庭院装饰石组制作需要准备的材料主要是不同大小的山石，工具则包括铁锹、铁棍、绳索、搬运木方、刷子、笤帚等。

 施工步骤

选择合适的石材并搬运至庭院内，对石材进行组装固定，形成造型。最后清扫野山石表面的泥土，以此增强装饰石组的美观性，具体施工步骤如下：

①选择合适的石材

购买自然山石时要考虑山石的大小是否能与庭院面积相匹配。

在移动野山石前需拔除周边植物，但需注意不可连根拔起，操作时需注意安全。

自然山石

野山石

②将石材搬运至庭院内

将铁棍放置于石材下方，根据杠杆原理撬动石材，并用打好节的绳索将石块牢牢地绑扎好。

确定好装饰石组的位置，并根据石材大小，挖出稍稍大于石材的坑，等待石材的安放。

在石材底部插入铁锹，以便后期撬动石材。

用铁棍撑起石材

←石材下插入铁锹

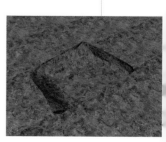

在石材新位置挖坑

（a）在石材底部填土

（b）放置其他石材

完善装饰石组

用铁棍或其他承重力较强的工具穿过绳索的套环部位，将石材移动至新位置，并于石材底部填土，这样能增强石材摆放的稳定性。按照相同的方法将其他不同大小的石材与植物移动至新位置。

④收尾工作

用刷子、笤帚、海绵等工具清扫野山石表面的泥土，以此增强装饰石组的美观性。

清扫石材表面

装饰石组制作完成

装饰石组制作完成后还需对其进行全面检查，可适当调整山石或植物的位置，以使装饰石组更自然。

★ 小贴士

假山营造要点

① 分清主次。假山中所有山石的风格、质地、色彩、纹理、脉络必须一致，但山形、大小、高低必须有变化。

② 疏密得当。假山的主峰一带是各要素分布最密集处，山石布置要密集，树木栽植要密集，配峰部分则相对稀疏。

③ 讲究开合。在庭院假山的艺术造型中，开是起势，合是收尾；立峰是开，坡脚是合；近山是开，远山是合；开合的交替出现，可以使假山呈现出节奏韵律之美。

④ 虚实相生。假山所表现出来的深远意境（虚境）要能与形成的真实景观（实境）相互融合。

⑤ 露中有藏。庭院山石中的细节应丰富，且各种细节要独自成景，要能展现出一幅景外有景、景中生情的动人画面。

⑥ 空白处理。在表现湖光山色、海岛风光等题材时，空白处宜大，棱角处理宜简洁；而在表现崇山峻岭、峡谷险滩等题材时，空白处宜小些，棱角处理也宜复杂多变。

7.3.2　庭院防水布水池施工

这里主要是利用防水布修筑水池，这种类型的水池设计自由度比较高，且可于较小空间内施工，空间利用率比较高。

 ## 准备材料、工具

庭院防水布水池施工需要准备的材料主要有泥土、厚防水布、不同尺寸的石块、绿植等，工具则包括尖头铁锹、剪刀、手铲、鬃毛刷、笤帚等。

 ## 施工步骤

整理地面后开始挖掘沟槽，铺设防水布，在防水布周边摆放石块并固定，最后回填。具体施工步骤如下：

①整理施工地面

将水池施工地面上的顽固垃圾铲除掉，并标记出具体施工范围。

②挖掘沟槽

根据设计图纸，用铁锹挖出合适深度的沟槽，沟槽深度应比水池深度多 100 mm。

③铺设防水布

将防水布放入沟槽中，铺设应松散，并用土块将防水布边缘压紧。

清理施工地面

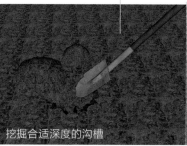

挖掘合适深度的沟槽

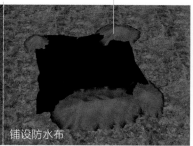

铺设防水布

④在周边摆放石块

将不同尺寸的石块逐一摆放在防水布边缘，石块摆放应具有设计性。

⑤固定石块

在石块外侧填补适量土，用棍子将泥土捣实，以确保石块的稳定性。

⑥填土

在防水布内填补适量的种植土，需多次少量填补，可适当压紧。

在防水布周边摆放石块

在石块外侧填土

在防水布内填土

在防水布内种植合适的绿植，池水较深处可种植浮水植物。

⑧ 水池制作完成

绿植种植完毕，可在防水布中注入适量水，并用鬃毛刷清理石块。

在防水布内种植植物

防水布水池制作完成

7.3.3 庭院流泉池施工

流泉池能衬托庭院的立体感，潺潺的流水声也能为庭院创造更具自然感与趣味性的氛围。

1. 准备材料、工具

庭院流泉池施工需要准备的材料主要有厚防水布、边界石、水泥、河砂、种植土等，工具则包括尖头铁锹、平地木板、锄头、手铲、剪刀、夯土工具、笤帚、鬃毛刷等。

2. 施工步骤

整理地面后开始铺设防水布，在防水布周边粘贴防水胶带，布置边界石，在边界石内侧填充水泥，最后将种植土填充在池内。具体施工步骤如下：

长条木板可用于大面积地面整平，对局部地面进行微调时可借助搓砂板，地面整平后应进行夯实工作，务必确保地面土层的稳固性。

① 施工地面整平

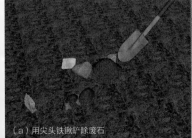

（a）用尖头铁锹铲除废石

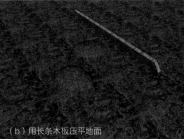

（b）用长条木板压平地面

（c）用夯实工具压实地面

整理施工地面

②铺设防水布

在施工范围内铺设防水布，两块防水布之间的重叠部位宜宽100 mm。

③在防水布周边粘贴防水胶带

用防水胶带将防水布固定在地面上，应保证防水布与地面充分贴合。

④根据设计图布置边界石

根据设计图纸布置边界石，并于边界石外侧填充水泥砂浆，以做固定。

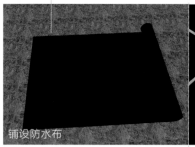

铺设防水布　　　　固定防水布

布置边界石

⑤边界石内侧处理

在边界石的内侧、池底等部位依次铺设水泥砂浆，制作池案基础。

⑥填充种植土

将种植土填入水池中，确定绿植栽种区域，并于中央挖洞，做小喷泉。

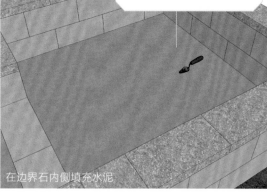

在边界石内侧填充水泥　　　种植土填充

⑦流水池制作完成

在水池中栽种绿植，安装喷泉辅助器具，并注入适量水，注意全面检查。

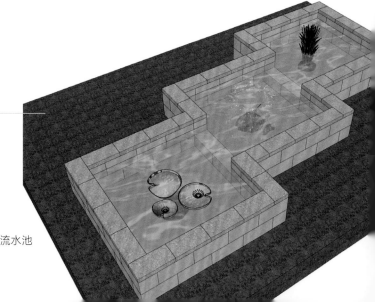

制作完成的流水池

8

庭院绿化施工

🖰 本章导读

  绿化是庭院施工的最后环节，这也是一项长期工程，为了营造更好的庭院环境，绿植、花卉的色彩应与庭院内部其他物件相匹配。绿植、花卉种植完成后仍需长期养护，要充分了解不同绿植、花卉所适应的生长环境，并熟悉绿植、花卉病虫害防护的相关知识。

8.1.1 庭院草坪种类及铺设方法

草坪种类与特征

草坪主要可分为日式草坪与西洋草坪，这两种草坪各有千秋。

（1）日式草坪

日式草坪也被称为夏草坪，喜高温、湿润的气候环境，对土壤没有任何要求，生长适宜温度为 25~35℃，温度小于或等于 10℃时，草坪停止生长。这种草坪耐寒性比较差，但耐热性与抗病性比较强，且容易成形。

> 日式草坪多通过草皮、草茎繁殖，这种草坪生长繁密，修剪后土壤也不会裸露出来，多选用匍匐茎进行繁殖。

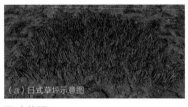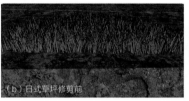

（a）日式草坪示意图　（b）日式草坪修剪前　（c）日式草坪修剪后

日式草坪

（2）西洋草坪

西洋草坪也被称为冬草坪，喜温暖、适度干燥的气候环境，喜砂质土壤，生长适宜温度为 13~20℃，生长停止温度为 1~7℃。这种草坪耐热性与抗病性比较差，但耐寒性比较强，且生长迅速，整体植株高大、直立。

> 西洋草坪全年常绿，多通过种子繁殖，这种草坪修剪后各植株之间会出现一定距离的间隙。

（a）西洋草坪示意图　（b）西洋草坪修剪前　（c）西洋草坪修剪后

西洋草坪

★小贴士

庭院草种选择

庭院常用的草种主要有冷季型草、暖季型草、苔草 3 类。冷季型草用于要求绿色期长，管理水平较高的草坪上；暖季型草用于对绿色期要求不高，管理较粗放的草坪；苔草则介于两者之间。

2. 草坪铺设意义

草坪充满着自然的味道，在庭院铺设草坪不仅可以赋予庭院自然、清新的视觉美，而且能有效调节庭院环境，还能很好地抑制庭院内浮土、灰尘四处飞散，在下雨天也能避免泥泞。

3. 草坪铺设方法

草坪常见的铺设方法主要包括间隔铺植、密铺植、条状铺植、"品"字铺植几种，应用频率较高的是间隔铺植与密铺植。

> 密铺植所需草皮数量较多，且草坪生长完成速度较快。

> 间隔铺植重点在于草皮间需预留10~20 mm的缝隙。

间隔铺植草坪

密铺植草坪

> 条状铺植草坪的缝隙较大，雨水会顺着缝隙流动，这对草坪的生长没有益处，应用率较低。

条状铺植草坪

"品"字铺植草坪

> "品"字铺植的重点在于草坪呈"品"字形布局，所需草皮量较少。

8.1.2　草坪铺设实例

1. 常见草坪铺装形式

庭院中常见的草坪铺装形式主要有植草皮铺装与植草砖铺装。草皮多为成品材料，适用于庭院地面移植铺装；草砖形式规格多种多样，适用于庭院地面停车位铺装。

> 植草皮铺装施工简单，施工过程中应保证各草皮面处于平齐状态，施工完毕后草皮与草皮间应当没有明显的缝隙。

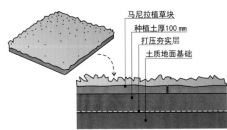

马尼拉植草块
种植土厚100 mm
打压夯实层
土质地面基础

（a）方形植草皮铺装剖面图

植草皮铺装

（b）植草皮铺装实景

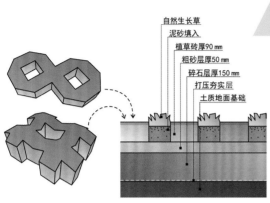

自然生长草
泥砂填入
植草砖厚90 mm
粗砂层厚50 mm
碎石层厚150 mm
打压夯实层
土质地面基础

植草砖的孔洞中应填入适量的泥砂，泥砂中种植土和粗砂的体积比是 1 : 1，然后均匀播撒草种。当长期无车辆停放时，应当对该草坪进行剪草处理。底部碎石层厚度需根据停放车辆重量来设定，若停放家用小型汽车，则碎石层厚度为 150 mm 即可，若有特殊要求，碎石层的厚度还可以增加至 200 mm。

（a）植草砖铺装构造示意图　（b）植草砖铺设剖面示意图　（c）"8"字形植草砖铺设实景　（d）"井"字形植草砖铺设实景

植草砖铺装

② 草坪铺设实例

在正式施工前，一定要仔细检查草坪的质量。

（1）准备材料、工具

庭院铺设草坪需要准备的材料主要有草皮、石灰、黑土、肥料、土壤改良剂等，工具则包括铁锹、木板、钉耙、笤帚等。

（2）施工步骤

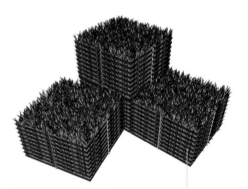

计算草皮用量

草皮用量根据庭院草坪铺设面积确定，最终数据应为整数。

优质草皮根系与土壤的厚度基本持平，且不会有虫害或杂草。

①确定草皮用量，并逐一铺开

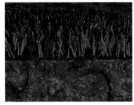 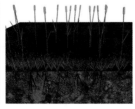

（a）优质草皮　　　（b）有杂草的草皮

选择优质草皮

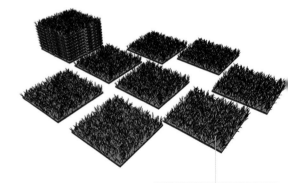

逐一铺开透气

为了避免草皮腐烂，草皮购回后，应解开捆扎绳，并逐一将草皮铺开。

②进行必要的整地工作

在正式施工前，应将草坪施工场地内的杂草、垃圾、大块砂砾等清除干净。

用铁锹翻地，将施工场地内的土壤挖起、打散，深度为500 mm，土壤内的石子、垃圾等也应清除干净。

土壤经过几天暴晒后，可开始整地，将石灰、土壤改良剂与原有土壤混合，并用钉耙、木板等压实、整平。

清理草坪施工场地   将施工场地内的土地翻松   整平施工场地

③大面积铺设黑土

在整平的施工场地内大面积铺撒黑土，黑土厚度应控制在50～100 mm。

使用钉耙、木板等工具压实、整平黑土层，确保土层表面无凹凸起伏现象。

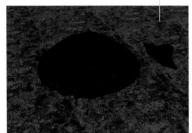 

铺撒黑土   压实黑土

④采用密铺法正式铺设草皮

从边缘往中心地带，逐块铺设草皮，同一水平线上的各块草皮需对齐。

铺设过程中应从上往下适度按压草皮，以使草皮与黑土结合更紧密。

用剪刀将草皮多余部分修剪掉，转角区域的草皮也需进行适度裁剪。

  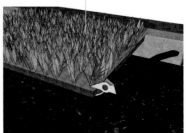

逐块放置草皮   按压草皮   草皮边缘整理

在草坪缝隙处播撒适量的黑土，从而增强草皮与土壤的结合力。

用木板、钉耙将黑土铺开，所填充的黑土遮盖一半的草皮叶片即可。

用木板、笤帚等工具将黑土填入草皮叶片缝中，注意填充需均匀。

草坪缝隙填土

整平补土

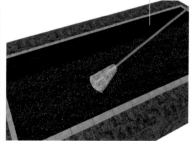

填实补土

⑥后续收尾

草坪内应当均匀施肥，这也是为了保证草坪能够顺利生长。

施肥完毕后，还需对草坪浇水，这也可保证补土能充分填入草皮间。

草坪铺设完成后还需对草坪进行全面整理，需将草皮表面残土清理干净。

草坪施肥

草坪浇水

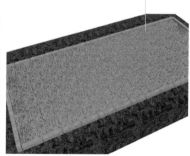

草坪铺设完成

种草方法

① 铺草皮卷与草块。主要用于投资较大，需要立即见效的绿化庭院中。草皮卷与草块要求无杂草，草色纯正，根系接触紧密，草皮或草块周边平直、整齐，草坪土质应与草皮或草块的土质相似，质地、肥力不可相差较大。

草皮卷与草块铺设时各草皮卷或草块之间可稍留缝隙，但不可重叠，草块与其下的土壤必须接触紧密，可对其进行碾压、敲打。铺设时应由中间向四周逐块铺开，铺完后需及时浇水。

铺草皮卷与草块

② 铺植生带。铺植生带的地表需平整，无大小土块或杂质，且需压实。植生带与其下的土壤要处处接触紧密，带与带间可稍有重叠，其上撒 3 ~ 5 mm 厚的细砂壤土。

铺植生带时需注意，种子发芽率要达到 80% 以上，杂草种子含量要低于 0.1%，播种要均匀，覆土厚度要一致，播后需压实，并及时浇水，出苗前后及小苗生长阶段都应始终保持地面湿润。

铺植生带

③ 分株种植。采用该方法种植的草坪厚度较大，适合在远处观赏，不适合在其中行走。通常暖季型草适宜在 5—6 月分栽，冷季型草适宜在 4—9 月分栽，苔草则适宜在 4—9 月分栽。

分株种植适用于种子繁殖较困难的草种或匍匐茎，根状茎较发达的草类也可选用此方法种植。

分株种植

8.1.3　草坪保养要点

　　草坪在庭院中的面积比较大，它的质量优劣不仅影响日后管理的难易程度，而且影响草坪的使用年限，在草坪铺设完毕后一定要做好保养工作。

　　草坪的保养工作需在了解各草种生长习性的基础上进行，应根据土地条件、草坪的功能进行不同精细程度的管理工作。

定期修剪草坪

　　人工草坪必须定期进行剪草，特别是高质量草坪更需多次剪草，通过剪草能保持草坪常绿且整齐。剪草前应当彻底清除地表石块，检查剪草机各部位是否正常，刀片是否锋利等。剪草需在无露水的时间内进行，剪下的草屑需及时彻底从草坪上清除，剪草时需按一行压一行的方式进行，不可遗漏。

　　优质草坪具有较好的耐修剪性，且再生能力很强。定期修剪草坪一方面可以保证草坪整体的美观性，另一方面可以更好地促进低矮植株的生长，抑制杂草生长与病虫害，但需注意修剪不宜过于频繁。

> 应当从外围开始向内修剪草坪，要不断地调整修剪高度，注意不可剪除草坪的生长点。

用割草机修剪草坪

修剪地砖附近的草坪

> 地砖附近的草坪建议用专用剪刀修剪，剪刀的刀刃要与草坪平齐，这样剪出的草坪会更平整。

浇水要适量

　　庭院草坪下通常会布设给水管，可安装自动喷水阀门，这样浇水效果会更好，应根据草坪的喜水程度选择合适的浇水量。除土壤封冻期外，草坪土壤应始终保持湿润。暖季型草主要灌溉时期为 4—5 月与 8—10 月，冷季型草主要灌溉时期为 3—6 月与 8—11 月，苔草类主要灌溉时期为 3—5 月与 9—10 月。

> 草坪每次浇水以达到 300 mm 土层内水分饱和为原则，不可漏浇，且因土质差异造成干旱的区域应增加灌溉次数。

（a）自动灌溉

（b）人工灌溉

草坪浇水

③ 草坪要定期施肥

铺设高质量草坪时需施入基础肥，且每年必须追施一定数量的化肥或有机肥。在返青前可施腐熟的麻渣等有机肥，施肥量为 50~200 g／m²。修剪次数较多的草坪，在出现草色稍浅时可施氮肥，以尿素为例，施肥量为 10~15 g／m²。8月下旬修剪后，则应普遍追施 1 次氮肥。

通常冷季型草的主要施肥时期为 9—10 月，3—4 月则视草坪生长状况决定是否施肥，5—8 月时，非特殊衰弱草坪则不必施肥。

（a）尿素肥

（b）草坪施肥

草坪施肥

④ 草坪要定期打孔

草坪定期打孔的目的在于强化土壤的透气性，提高草坪的透水性，从而促进草坪更好的生长。草坪根系过于发达或草坪遭踩踏严重都有可能导致土壤的透气性变差，日常需注意做好对草坪的保护工作。

草坪打孔可以有效防止草坪老化，操作时要确保垂直插入打孔器，孔深宜为 50~100 mm，孔与孔之间的间距宜为 100 mm。

（a）打孔

（b）打孔间距

草坪打孔

草坪病虫害防治

① 常见草坪病害有褐斑病、腐霉枯萎病、夏季斑病、镰刀枯萎病、币斑病、锈病、白粉病、黑粉病、叶斑病、仙环病等，这几种病害均会导致草坪出现不同形态的秃斑。为了更好地防治这些病害，一定要选择优质的草种和专业药剂，并定期进行施肥、浇水工作。

草坪褐斑病

草坪褐斑病多发生于5月下旬至9月中旬，单体病斑呈梭形，群体病斑为蛙眼状，有发霉味，天气转凉后病斑会逐渐恢复，会使草坪出现苗枯、根腐、叶腐等现象。

草坪腐霉枯萎病

草坪腐霉枯萎病多发生于6月至9月，8月下旬为发病高峰期，短时间内便可引起大面积草死亡，会呈现秃斑，出现根腐、叶腐、烂芽等现象，且霉味大，触感油腻。

草坪夏季斑病

草坪夏季斑病多发生于7月上旬至9月上旬，早熟禾草坪最易出现这种病害，病斑多呈现马蹄形，通常是根部先被感染，其后是茎叶部分，且病株根部极易被拔起。

② 常见草坪虫害主要由金龟子类、夜盗虫类、稻巢草螟类害虫引起，这些害虫会蚕食草根、茎叶。在防治这些虫害时，要根据它们的习性，选择合适的时间喷洒杀虫剂。例如，金龟子类害虫多寄生在 100 mm 的土壤下，幼虫很难杀灭，宜在 4—9 月使用杀虫剂杀灭金龟子成虫。

❺ 在合适时期为草坪补土

当草坪生长旺盛时，原有土壤不足以完全包裹草皮根部，这会影响草坪的生长。为了避免这种情况，需对草坪进行适当补土。这样不仅可以保护草坪裸露在外的根茎，还能很好地促进草屑分解，同时对修整草坪凹凸部位，保持草坪美观度与完整度也有很大的帮助。

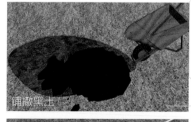

铺撒黑土

庭院草坪面积较大时，可分批次铺撒黑土。

用钉耙将黑土均匀铺开，确保黑土能充分填入草叶缝隙内。

使黑土平铺开

6. 对草坪生长不良区域进行补植

补植适用于生长不良的草坪，主要是通过周边草皮生长更新与补植新草皮的方式来修补破损草皮。周边草皮生长更新的方式需要的时间较长，且生长完成后还需对其进行修剪。补植新草皮的方式效率高，且能使草坪更快地恢复原状。具体补植步骤如下：

① 翻土

清除破损草皮根系与周边垃圾，并用铁锹翻土，深度为 300 mm。

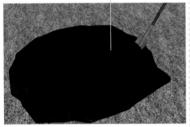

② 土层表面整平

用木板或小铁锹整平地面，务必保证地面无任何凹凸。

③ 铺设补植的新草皮

从边缘往中心逐块铺设新草皮，注意新旧草皮间不要留有缝隙。

④ 修剪草皮边缘

为了保证草坪的美观性，草皮边缘处要预留出超过 10 mm 的剪裁余量。

⑤ 按压草皮

用铁锹按压铺设好的新草皮，确保其与土层能紧密贴合。

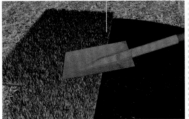

⑥ 补植草皮补土

为了保证草坪生长旺盛，还需在补植的草皮上铺撒适量的黑土。

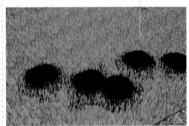

⑦ 铺开补土

用小铁锹将黑土均匀铺开，使黑土能遮盖住草叶茎的一半。

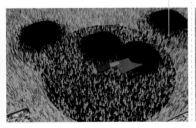

⑧ 全面检查

草皮补植完毕后，还需对其进行全面检查，并需用笤帚扫除草面残土。

⑨ 新草坪浇水

在草坪表面喷洒适量水，使黑土能充分渗透至草皮间的缝隙中。

庭院绿植种植

8.2.1 分析绿植生长环境

庭院绿植的生长与诸多因素有关，在分析绿植生长环境之前，必须对其生长周期有所了解。通常绿植的生长周期可分为种子期、幼年期、青年期、壮年期、老年期几个阶段，这也是绿植个体发育的整个过程。

种子期是指绿植胚胎具有萌发能力并以种子形态存在的时期。有些树种成熟后，只要有适宜的温度、水分与空气条件便能发芽，如白榆、柳树等。

幼年期是指从种子萌发形成幼苗开始，到该植物植株基本形成，并具有开花潜能为止的时期。对处于幼年期的绿化植物要加强土壤管理，充分供应肥水。

绿植种子期

绿植幼年期

绿植青年期

青年期是指从植株第 1 次开花到花朵、果实性状逐渐稳定的时期。此期间应轻度修剪，以便使树冠尽快达到预定的最大营养面积，同时也能减缓树势生长，促进花芽形成。

壮年期是指从植物长势自然减慢，大量开花结实开始，到结实量大幅度下降，树冠外缘小枝出现干枯的时期。这个时期内的植物花芽发育完全，消耗营养物质较多，应充分供应肥水。

绿植壮年期

绿植老年期

老年期是指从植物骨干枝与骨干根生长发育显著衰退，直到整个植物死亡的时期。可采取适当修剪与防治病虫害等措施，延缓绿植的衰老。

1. 土壤对绿植的影响

土壤是指陆地表面具有肥力的一层疏松物质，它是绿化植物生长的基础。土壤质地的优劣关系到其酸碱度与土壤肥力的高低，对绿化植物生长发育有很大的影响。

庭院选种植物时，除了考虑栽植点的气候因素外，还要视土壤肥力状况选择适合的品种。喜肥与喜深厚土壤的植物，应栽植在深厚、肥沃与疏松的土壤中，耐瘠薄的植物则可在土质稍差的地点栽植。

2. 光照对绿植的影响

当光照过多时，植株的水分容易快速流失，从而出现萎蔫；当光照不足时，绿植叶绿素的形成受到阻碍，继而影响光合作用，会导致植株细弱、黄化、落叶、落花。因此在选择庭院绿植时，应考虑光照这一点。

植物生长依赖适当的光照。

不同植物对土壤酸碱度的要求不同，过强的酸性或碱性对植物的生长都不利。

光照影响绿植

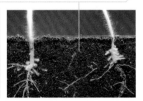
土壤影响绿植

3. 温度对绿植的影响

低温对绿植产生的伤害是指当温度在绿植所能忍受的极限低温之下时，会对绿植造成冻害、霜害、寒害等不同的伤害；高温对绿植产生的伤害是指当温度超过植物生长的适宜范围后，若继续上升，则会使植物生长发育受阻，甚至会造成植物死亡。在选择庭院绿植时，一定要充分考虑不同绿植的耐寒、耐热能力。

温度影响绿植

植物的种子只有在一定温度条件下才能吸水膨胀，促进酶的活化，加速种子生化反应，进而发芽生长。

4. 水分对绿植的影响

通常旱生植物可忍受长期天气干旱与土壤干旱，并能维持正常生长发育，如柽柳、侧柏等；湿生植物在土壤含水量过多，甚至在土壤表面短期积水的条件下，仍能正常生长，这类植物要求经常有充足的水分，过于干旱时容易死亡，如池杉、枫杨、垂柳等；中生植物则适宜生长在干湿适中的环境中，对土壤水分要求并不严格，大多数绿化植物均属此类，它们能适应一定幅度的水分变化。

植物对水分的需要是指植物在维持正常生理活动过程中所吸收与消耗的水分，不同植物所需水量不同。

水分影响绿植

5. 空气对绿植的影响

大气成分及其含量对绿化植物的生长有很大影响。大气成分主要是约 78% 的氮气与约 21% 的氧气，并含有少量二氧化碳及其他气体，在工矿区、城镇还混有大气污染物、烟尘等。氧气不足会影响呼吸，二氧化碳不足会影响光合作用，有害气体增多则会危害植物的生长，这些在种植绿植时均需考虑到。

8.2.2　庭院绿植养护

选择合适的土壤

　　庭院内的绿植，无论是盆栽绿植，抑或是直接种植的绿植，要使其能够快速生长，并确保一定的存活率，则必须根据绿植的生长习性，配置合适的土壤。庭院种植土配置见表8-1。

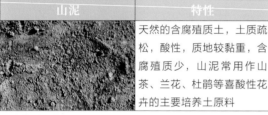

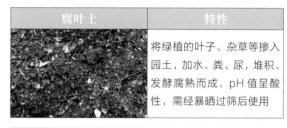

园土	特性
	又称菜园土、田园土，肥力较高，团粒结构好，但干时表层易板结，湿时通气透水性差，不能单独使用

腐叶土	特性
	将绿植的叶子、杂草等掺入园土，加水、粪、尿，堆积、发酵腐熟而成，pH值呈酸性，需经暴晒过筛后使用

山泥	特性
	天然的含腐殖质土，土质疏松，酸性，质地较黏重，含腐殖质少，山泥常用作山茶、兰花、杜鹃等喜酸性花卉的主要培养土原料

河砂	特性
	排水透气性好，掺入黏重土中，可改善土壤物理结构，增加土壤排水通气性，可作为配制培养土的材料，也可单独用作扦插或播种基质

砻糠灰、草木灰	特性
	砻糠灰是稻壳烧成的灰，草木灰是稻草或其他杂草烧成的灰，含丰富的钾肥，pH值偏碱性，加入培养土中，能使其排水良好，土壤疏松

骨粉	特性
	将鸡鸭骨头、猪骨头，放在高压锅内煮透，捞出来晾干，用小锤子敲碎后所得，含有大量的磷肥，每次加入量不得超过总量的1%

木屑	特性
	疏松而通气，保水、透水性好，保温性强，重量轻又干净卫生，pH值呈中性与微酸性，可单独用作培养土

珍珠岩	特性
	多孔，可保存大量的水分、营养成分，能长时间为绿植生长提供营养，有利于根系深入到珍珠岩内部吸取养分

蛭石	特性
	具有良好的阳离子交换性与吸附性，可改善土壤结构，提高土壤的透气性与含水性，能使酸性土壤变为中性土壤

有机肥	特性
	动物粪便，多为鸡粪，富含大量有益物质，肥效长，可增加、更新土壤有机质，促进微生物繁殖

表 8-1　庭院种植土配置

种植土	原料配比（体积比）	应用
通用花卉土	山泥∶园土∶腐叶土∶砻糠灰 ＝ 2∶2∶1∶1	适用于盆栽花卉，如一品红、菊花、四季海棠、文竹、瓜叶菊、天竺葵等
营养土	腐叶土∶河砂∶草木灰∶骨粉∶木屑∶珍珠岩∶有机肥 ＝ 4∶2∶2∶1∶1∶1∶3	干净、卫生、无异味，能使植物根系生长旺盛，是各种花卉、盆栽植物的理想用土
轻肥土	园土∶有机肥∶河砂∶草木灰 ＝ 4∶4∶2∶1	天然含腐殖质土，土质疏松，适用作山茶、兰花、杜鹃等喜酸性土壤的花卉的培养土
重肥土	山泥∶腐叶土∶园土 ＝ 1∶1∶4	适用于喜偏酸性土壤的花卉，如米兰、金橘、茉莉、栀子花等
扦插土	园土∶砻糠灰 ＝ 1∶1	适用于扦插或插种
碱性土	园土∶山泥∶河砂 ＝ 1∶2∶1；园土∶草木灰 ＝ 2∶1	适用于喜偏碱性土壤的花卉，如仙人掌、仙人球、宝石花等

★ 小贴士

影响根系生长的因素

　　根系长势的强弱与生长量随树体的营养状况与根际环境的不同而有所不同。植物的有机养分对根系生长影响也很大，根系的生长与其功能的发挥依赖于地上部分供应的碳水化合物。当叶片受到损害或结果过多时，有机营养供应不足，根系的生长便会受到明显阻碍，此时即使加强施肥，一时也难以改善根系生长状况。

不同的绿植需使用不同酸碱度的种植土，土壤的酸碱度可通过 pH 试纸测试。通常 pH 值小于 5.0 的为强酸性土壤，pH 值在 5.0~6.5 的为酸性土壤，pH 值在 6.5~7.5 的为中性土壤，pH 值在 7.5~8.5 之间的为碱性土壤，pH 值大于 8.5 的为强碱性土壤。

确定种植土的酸碱度后，可根据需要调整其酸碱度。当酸度过高时，可在培养土中掺入一些石灰粉或增加草木灰、砻糠灰的比例；当碱性过高时，可加入适量的硫酸铝（白矾）、硫酸亚铁（绿矾）或硫黄粉。

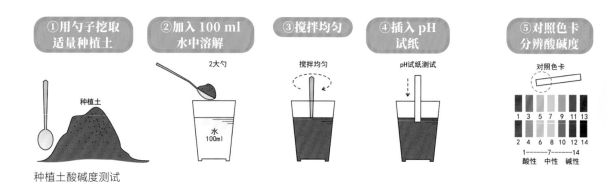

①用勺子挖取适量种植土

②加入 100 ml 水中溶解

③搅拌均匀

④插入 pH 试纸

⑤对照色卡分辨酸碱度

种植土酸碱度测试

★ 小贴士

绿植虫害处理方法

① 生物防治。对人、畜、植物安全，病虫不产生抗药性，有长期的抑制作用。采用以虫治虫、以菌治虫、以菌治病等防治方法，必须与其他防治相结合才能发挥作用。

② 物理防治。用器械与物理方法防治病虫害，如早春地膜覆盖可大量减少叶部病害发生，覆膜后阻隔了病菌传播，同时地温升高，湿度加大，加速病株腐烂，减少侵染源。此外还可采用简单人工捕杀法、诱杀法、色板诱杀等虫害防治方法。

③ 化学防治。此法操作简单，见效快，应选用高效、低毒、低残留农药的方法，通过改变施药方式减少用药次数，充分发挥化学防治的优越性，减少其毒副作用。

2. 常见植物的养护要点

芦荟	养护要点
	耐寒性较差，温度降到10℃以下时应将芦荟搬到室内，应在温度较高的中午浇水，且不可直接将水浇到叶片上

吊兰	养护要点
	吊兰有一定的耐旱、耐寒能力，冬季温度低于5℃时宜将其搬至室内，空气干燥时可在周围适当喷水

天门冬	养护要点
	夏季每天浇一次透水，春、秋季宜放室外养护；冬季室温需保持在5℃以上，10～15天浇一次水，每隔3～5天喷洗枝叶

绿萝	养护要点
	冬天需搬到室内，温度低于10℃时基本不需浇水，不宜过度暴晒，养护期间要定期喷水，保持叶片湿度和清洁

常青藤	养护要点
	室内养护要确保土壤中有足够多的水分，避免长期干旱，待其生长至特别粗壮后，便不需经常浇水，可适当搭设小支架，使其自由攀附生长

绿篱	养护要点
	应保证肥水供应充足，施肥以氮为主，采用磷钾结合，群施薄施的技巧，每次修剪后需施肥，必要时还可根外施肥

多肉植物	养护要点
	浇水时要将土壤浇透，早晨或傍晚浇水；春秋季一周浇1～2次水，夏季宜每天喷洒水雾保湿，冬季一周至半个月浇一次水即可，注意浇水时要避免盆土与叶簇中间积水

水培植物	养护要点
	温度较高时，可每隔5天左右换一次水，可通过摇晃容器，增加水培植物水中的含氧量，若有大量的水培植物，则可利用增氧泵增加水中含氧量

乔木	养护要点
	不可过早拔掉种植时的固定拴护杆；应及时锯掉成年大树不规则的树枝，以及冠幅大、叶多枝小的挡风枝

灌木	养护要点
	定期修剪，可修剪的造型多样，如球形、方形、扇形、蘑菇形、抽象图案等，并及时清除枯枝落叶

8.2.3 如何进行绿植移植

 大型绿植移植

成形的大树是塑造理想庭院的上佳选择。大树即胸径为 100～400 mm，树高为 5～12 m，树龄为 10～50 年或更长的树木。选择庭院大树时需要根据庭院自身风格来选择理想的树形。

（1）移栽准备

根据绿化布置的要求，坚持适地适树原则，确定好树种、品种、规格。描述大树的规格一定要全面，包括胸径、树高、树形、树相、树势、朝向等。大树移栽的适宜时间为 3 月下旬至 4 月上中旬，移植时要做到随起、随运、随栽、随浇。

（2）包装

目前大树移植普遍采用人工挖掘软材包装移栽法，挖掘的根盘为圆形土球，适用于树木胸径为

100～150 mm 或稍大的常绿乔木。更大的树木移植可采用木箱包装移栽法，该方法需挖掘方形土台，适宜移栽胸径为 150～250 mm 的常绿乔木。

大树根部包装

人工挖掘软材包装移栽法是用蒲包片、草片、塑编材料或草绳包装树根，从而将其移植至指定位置，包装时要保证根部的完整性。

挖掘宽度应大于根盘直径，根盘左右两侧需预留出 400～500 mm 的宽度，以便于置入铁锹，进行根盘挖掘。

（a）清理表面土壤

（b）用铁锹清除表层根周土壤

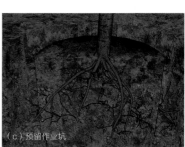

（c）预留作业坑

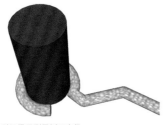

（d）利用绳子测量树干直径

（e）利用绳子确定根盘半径

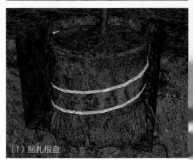

（f）捆扎根盘

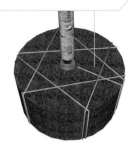

六角星式捆扎法，在最后一道捆扎线处，应将绳索的交叉部分捆紧。

（a）六角星式捆扎法

将稻草或芦苇席垫在绿植根盘底部，然后用绳索交叉绳索捆扎，以保证绿植移植时底部依旧带有泥土。

（b）底部捆扎芦苇席

适用于小树苗的根盘捆扎，这种捆扎方式是用芦苇席或麻布将小树根盘包裹起来，捆扎线围绕着根盘最终归为一点。

（c）围绕式捆扎

绿植根盘的捆扎方法

（g）开始挖掘

盘根挖掘步骤

（h）缠绕根盘

（i）缠绕完成等待移植

（3）运输。

大树运输装卸作业的质量好坏是影响大树移栽成活率的关键环节。运输前应在茎干上钉接木料垫块，防止吊装时破坏茎干，同时还要对树木做适量修剪。运输过程中要慢装轻放，支垫稳固，适时喷水。

大树运输可采用起重机吊装、滑车吊装与汽车运输的办法完成，装、运、卸时均需保证不损伤树干、树冠与根部土球。

大树运输

（4）定植。

首先将大树斜吊于定植穴内，拆除缠扎在树冠上的绳子，配合吊车，将树立起扶正。然后审视树形与环境，调整树冠方向，将最佳观赏面朝向主要观赏方向，同时保证定植深度适宜。接着拆除土球外包扎的绳或箱板，草片等易烂软包装可不拆除。最后保持树木直立，分层埋土并夯实，确保土球被全埋于地下。

树木定植后，要进行相应的抚育工作。要设立支架、防护栏等工具支撑树干，防止因根部摇动、根土分离而影响绿植的成活率。支架与树干相接部分要垫上蒲包片或撑丝，以防磨伤树皮。

大树定植

（5）断根后移植实例

断根是大型绿植移植前的准备工作，目的是促进绿植移植后能够顺利地长出新的毛细根，但需注意断根之后一定要做好相应的养护工作。断根后移植的具体步骤如下：

①挖出沟槽

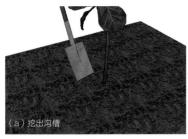 

（a）挖出沟槽　　（b）深度适宜的沟槽

挖掘沟槽

在挖掘沟槽之前，应当确定好绿植根盘的大致直径，挖掘宽度应大于根盘直径，通常根盘的直径是树干基部直径的3～5倍，挖掘深度宜为树干基部直径的2～5倍。

②树根环状剥皮处理

主要是对直径较大的直根进行环状剥皮处理，这也是为了更好地促进新生毛细根的生长，通常剥皮长度为120～150mm。

120～150mm

（a）树根脉络　　　（b）用刀具进行环状剥皮　　（c）环状剥皮长度

树根环状剥皮处理步骤

③回填、完成移植

（a）绿植新生根　　　　（b）填土

大树移植后应立即围堰浇水，需保证树根与土壤紧密结合，保持土壤的湿润性，以便更好地促进根系生长。

（c）浇水

绿植移植完成

2. 小型绿植移植

小型绿植移植的具体方式有以下几种：

（1）地到盆移植

地到盆的移植适用于具有观赏性的绿植，具体

步骤如下：

① 从庭院中挖取绿植

从土中取出绿植，绿植根部的土球要尽量保持完整，以形成球体为佳，生长快速的植物可适当削掉根部与顶部。

挖取绿植

② 为绿植修剪并喷营养液

将土球外部的根剪断，修剪生长状态不佳的枝叶，观察土球外部完整状态，给整个土球喷涂营养液。

修剪并喷营养液

③ 调配新的种植土

可选择适量庭院土，也可选择用搭配后的营养土来种植绿植，注意新土调配应当遵循一定的比例，并应混合均匀。

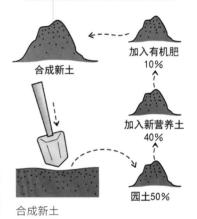

合成新土

④ 往新盆中放置新土

陶瓷新盆宜预先浸泡1~2天，以免盆吸收土壤中的水分，盆底部还需铺上碎石与合成新土。

往新盆放入新土

⑤ 将新绿植移植入新盆中

将绿植平稳移植入新盆中，再用一层新土覆盖，可用小勺子压实新土。

移植入盆

⑥ 地到盆移植完成

应一次浇足水，可将整个新盆放入更大且装满水的水桶中，浸泡3小时以上，以使绿植补充水分。

浇水、盖土

（2）盆到盆移植

盆到盆移植又称为换盆，通常两次换盆之间至少要间隔半年甚至更长时间。大部分植物适合在春、秋两季进行移栽与换盆，在植物休眠期、生长初期进行换盆，对植物的影响是最小的，在植物生长旺盛期、花蕾期、开花盛期、结果期等阶段换盆则会影响植物生长。

处于育苗期的植物，情况特殊，应视苗子生长情况确定是否换盆，苗子长大一圈，即可进行换盆。换盆时，如果原来的花盆为软塑料盆或纸杯，可以直接剪开，这样做不会伤到植物根系，如果将植物硬拽出来，则容易伤到植物根茎。

①提前润湿新盆

新盆要比旧盆容积大至少3倍，陶瓷新盆宜预先浸泡1~2天，以免盆吸收土壤中的水分。

新盆润湿

②为绿植喷营养液

绿植移植前应适量施以营养液或有机肥，以保证绿植的鲜活，之后还需仔细观察绿植状态。

从旧盆中取出绿植并喷营养液

③调配新的种植土

换盆用的新土壤中应当保留50%的原盆土，以让绿植有一定的适应周期，应按比例调配种植土。

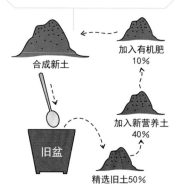

新土调配

④新盆中放置新土

新盆底部需铺上碎石与合成新土，碎石量约占花盆总容积的30%，合成新土置于碎石之上。

新盆置入新土

⑤将绿植移植入新盆

植物根部尽可能多带些土，尽量避免裸根，带土移栽的绿植要比裸根移栽更容易成活。

移植入盆

⑥盆到盆移植完成

移植后需一次浇足水，可将整个新盆放入更大的水桶中，浸泡3小时以上，让绿植充分吸收水分。

浇水、盖土

大树移植后的养护管理

　　新移植大树的根系受损，吸收水分的能力下降，因此保证水分充足是确保树木成活的关键。除适时浇水外，还应根据树种与天气情况对树体进行喷水雾保湿或树干包裹，必要时可结合浇水对树进行遮阴。

　　为了保持树干湿度，减少树皮水分蒸发，可用浸湿的稻草绳严密包裹树干与比较粗壮的分枝，从树干基部密密缠绕至主干顶部，以后还可经常向树干喷水保湿。

　　在名贵大树移植初期或高温干燥季节，要搭制荫棚遮阴，以降低棚内温度，减少树体水分蒸发。

（3）盆到地移植

　　大多数的盆栽植物从小盆移植到大盆后，便可得到良好生长。部分体积较大的植物，换盆依旧不能满足其生长需要，因而需要将绿植移植到庭院土地里，以获得更大生长空间。盆到地移植的具体步骤如下：

①从盆中取出绿植

　　将绿植从旧盆中取出，务必保证绿植根须的完整性，根须上应带有适量土，以便更好移植。

取出绿植

②为绿植喷营养液

　　绿植移植前应适量喷洒营养液，以保证绿植的鲜活，喷洒结束后还需仔细观察绿植状态。

喷营养液

③根据旧盆大小挖坑洞

　　根据绿植生长习性，在庭院中选择一处适合绿植生长的地方，并在地上挖一个比旧盆略大、略深的坑。

松疏层厚50mm

挖坑洞

④将绿植移栽至地上

坑洞内铺设厚 50 mm 的营养土，移栽时绿植需带有原来盆栽的土，这样移栽的成活率会更高。

⑤于坑洞内填土

将绿植连土栽到提前挖好的坑洞中，在边上压紧土，再添加一部分新土与营养土覆盖。

⑥盆到地移植完成

第一次浇水一定要浇透，让土壤吸透水，之后根据泥土的干湿情况浇水，不可每天浇水，只要土没有干透，就尽量不要浇水。

营养土厚50mm

移栽至地上

填土

营养土厚50 mm

浇水、盖营养土

8.2.4　如何修剪绿植

合理修剪绿植不仅能够有效调节营养物质的分配比例，而且能抑制徒长，延长盛花期、盛果期，使老树复壮。在正式修剪之前，应当明确哪些树枝可以修剪，修剪尺度在哪里等。

徒长枝（应剪掉）
养分吸收过多，长势过于旺盛，会抑制周围枝叶的生长

粗枝（应剪掉）
生长位置不合适，影响树形

立枝（应剪掉）
向上生长的树枝，影响树形

逆向枝（应剪掉）
与树形生长分散方向相反，影响树形

交叉枝（应剪掉）
交叉错乱生长的树枝，影响树形美观

对称枝（应剪掉）
同一区域内树枝形态呈直线

平行枝（应剪掉）
上下两根树枝平行生长，剪去其中一根即可

轮生枝（应剪掉）
在同一区域呈车轮状散开生长的枝条，可以适当保留几根

内膛枝（应剪掉）
树冠内部的枝条

干生枝（应剪掉）
从主树干生长出的小树枝

背向枝（应剪掉）
朝地面生长的枝条

砧木芽（应剪掉）
砧木上生长的枝条

蘖（应剪掉）
从根部生长出的树枝

庭院树木中可修剪的树枝示意图

1. 树木修剪技法

庭院树木的修剪方式主要有截、疏、除蘖三种。庭院树木短截根据程度的不同可分为轻短截，中短截、重短截、极重短截、回缩等，具体操作见表8-2。

（1）截

截又称短截，即将枝条的一部分剪去。这种修剪方式能够有效促进树木侧芽萌发，抽生新梢，增加枝条数量，有利于植物多发叶，多开花。

（2）疏

疏又称疏剪或疏删，主要是将枝条自分生处剪去。这种修剪方法有利于树冠内部枝条生长发育，不仅可以使枝条更均匀地生长，而且能有效改善树冠的通风透光条件，比较适用于病虫枝、干枯枝、过密交叉枝等的修剪。

（3）除蘖

除蘖主要是修剪从树木主干基部及伤口附近当年长出的嫩枝，或是根部长出的根蘖。这种修剪方法能够有效维持树形，促进树木生长。

表 8-2　庭院树木短截的不同程度

短截程度	具体操作
轻短截	轻剪枝条的顶梢，大致剪去枝条全长的 1/5 ~ 1/4，主要用于花果类树木枝条修剪
中短截	剪到枝条中部或中上部饱满芽处，大致修剪枝条长度的 1/3 ~ 1/2，主要用于某些弱枝复壮或各种树木骨干枝与延长枝培养
重短截	剪去枝条全长的 2/3 ~ 3/4，主要用于弱树、老树、老弱枝的更新复壮
极重短截	在树条基部留 1 ~ 2 个瘪芽，其余全部剪去，常用于紫薇的修剪
回缩	将多年生的枝条剪去一部分，这种修剪方式可以促进多年生枝条基部更新复壮

2. 树木修剪注意事项

（1）保持剪口平滑

剪口与剪口芽应呈45°，宜从剪口的对侧下剪，需保持斜面上方与剪口芽尖相平，斜面最低部分与芽基相平，这样剪口创面会更小，也会更容易愈合，且剪切口与剪口芽距离为 1 cm 左右。

正确

正确与错误的切口

错误，剪口斜面过大

错误，剪口距芽太近

错误，剪口距芽过远

（2）根据树种生长期修剪

不同树种生长期与休眠期不同。落叶树冬季会停止生长，适宜修剪；常绿树虽冬季进入休眠期，但剪去枝叶有受冻害危险，适宜于晚春时节修剪。

（3）做好修剪口消毒

树木修剪要确保修剪口的平整度，修剪结束后需使用20%的硫酸铜溶液对剪口进行消毒，消毒结束后需涂上保护剂，以便更好地防腐，促进伤口愈合。

（4）注意修剪安全

若庭院中有高压线或电线穿插，修剪时一定要避免触电。修剪位于高压线上方的树枝时，要避免树枝掉落时砸到电线，引发事故。

8.3.1 多种多样的庭院花卉

 春季种植花卉

庭院中常见的春季可种植的花卉主要有石竹花、月季花、迎春花、三色堇等。

石竹花	花卉特点
	石竹花花期长，花色鲜艳，耐寒而不耐酷暑，喜向阳、干燥、通风和排水良好的环境，喜肥沃沙质土壤

月季花	花卉特点
	月季花四季开花，多红色，偶有白色，花朵色彩艳丽，品种丰富，香气浓郁，非常适合庭院种植

迎春花	花卉特点
	迎春花枝条细长，呈拱形下垂生长，喜光，稍耐阴，略耐寒，怕涝，枝条披垂，花色金黄

三色堇	花卉特点
	三色堇耐寒，喜凉爽，开花受光照影响较大，可成片、成线、成圆镶边栽植，适宜布置于花境、草坪边缘

 秋季种植花卉

庭院中常见的秋季可种植的花卉主要有桂花、牡丹花、菊花、风铃草等。

旱金莲	花卉特点
	旱金莲叶肥花美，花色有紫红、橘红、乳黄等，可作多年生栽培。秋季种植，需疏松、肥沃、通透性强的培养土，喜湿润，怕渍涝

牡丹花	花卉特点
	牡丹花生长缓慢，株型小，比较耐寒，喜光，较耐阴，盆栽牡丹花应选择生长性强的早开或中开品种，种植时应施足底肥，土层需深厚疏松

菊花	花卉特点
	菊花生长旺盛，萌发力强，通过分株种植可以形成一片菊花景观

桂花	花卉特点
	桂花集绿化、美化、香化于一体，喜温暖、耐高温与寒冷，适宜栽植在通风透光的地方

风铃草	花卉特点
	风铃草花朵钟状似风铃，花色明丽素雅，株形粗壮，不耐干热，耐寒性不强，喜深厚肥沃、排水良好的中性土壤，适宜种植于光照充足、通风良好的环境中

 四季均可种植的花卉

　　庭院中常见的四季均可种植的花卉主要有绣球花、海棠花、大丽花、长春花、薰衣草、蜀葵、鸡冠花、风信子、观赏葱、红花酢浆草等。

绣球花	花卉特点
	绣球花花形比较饱满，色彩艳丽，适合种植在林荫道或者庭院中朝阴的一面

海棠花	花卉特点
	海棠花能抵抗二氧化硫的侵害，喜欢强光，光照不足会造成其叶色暗淡，花形不美观等

大丽花	花卉特点
	大丽花喜半阴环境，忌强光照射，不耐干旱、不耐涝，花期较长，可周年开花不断

长春花	花卉特点
	长春花喜高温、高湿的环境，耐半阴，不耐严寒，一般土壤均可种植

薰衣草	花卉特点
	薰衣草根系发达，适宜丛植、条植、盆栽

蜀葵	花卉特点
	蜀葵的嫩叶、花均可食，适宜种植在建筑物旁或假山旁，也可用于点缀花坛、草坪，可成列、成丛种植

鸡冠花	花卉特点
	鸡冠花喜温暖干燥的环境，对土壤的要求不严，通常是直接播种，适合种植于花境、花坛中

风信子	花卉特点
	风信子喜阳、耐寒，适合种植于疏松、肥沃的土壤中，可地栽、水培、盆栽，具有滤尘的作用

观赏葱	花卉特点
	观赏葱喜冷凉、阳光充沛的环境，忌温热多雨，花球生于花茎顶端，形态十分可爱

红花酢浆草	花卉特点
	红花酢浆草喜光，全光下与树荫下均能生长，抗寒能力强，对土壤的要求不高

8.3.2　不同花卉的养护要点

这里主要介绍庭院中常见的几种花卉的养护要点。

月季	养护要点
	冬季养护要注意防寒，冬季盆栽月季可搬到温暖处，地栽月季可直接在根茎处覆盖一层50 mm左右的泥炭土或水苔

三角梅	养护要点
	常年需充足的光照，温度低于5℃时需做好控水，避免冻伤，盆栽三角梅可搬到室内窗台

茶花	养护要点
	冬季不要过早修剪茶花，太早修剪会冻伤茶花，最佳的修剪时间是 1 月中下旬，北方地区可选择在 2 月左右修剪

栀子花	养护要点
	天气寒冷的地方，冬季要将栀子花搬到室内养护，室内温度需保持在 10℃ 左右，并需保持一定的环境湿度

石竹	养护要点
	生长期要求光照充足，夏季应避免烈日暴晒，在生长发育期间应保持盆土微微湿润

红花酢浆草	养护要点
	开花灌木，浇水不宜过多，适合作为露台上的观赏盆栽，常见花色有蓝色、紫色、红色、白色等

8.3.3　花坛日常护理

花坛是指在绿地中用花卉布置出的精细、美观的绿化景观，多用来点缀庭院。花坛植物宜选用 1~2 年生花卉以及部分球根花卉与其他温室育苗的草本花卉类。花坛布置应选用花期、花色、株型、株高整齐一致的花卉，配置要协调，应具有规则的、群体的、讲究图案效果的特点。

 了解花坛种类

庭院中所应用的花坛种类丰富，主要有平面花坛、高设花坛、斜面花坛、立体花坛等，其中立体花坛表现为三维立体造型，多选用小型草本植物制作，也有部分立体花坛会选用小型灌木或观赏草，如芒草、细叶苔草、细茎针茅等。

> 平面花坛的表面与地面平行，主要观赏花坛的平面效果，包括沉床花坛和稍高出地面的平面花坛。

平面花坛

> 高设花坛也称花台，由于功能或景观的需要，常会将这种花坛的种植床抬高。

高设花坛

斜面花坛

斜面花坛的表面为斜面，主要用于表现平面的图案与纹样，多设置在斜坡、阶梯上。

立体花坛

立体花坛适用于面积较大的庭院，要求花坛中所用的立面植物叶形细巧，耐修剪，同时注意配色。

2. 花坛养护

根据天气变化情况，把握花坛的水分供应。宜清晨浇水，浇水时应防止将泥土冲到茎、叶上，需做好排水措施，避免雨季积水，并及时做好病虫害防治工作。花坛保护设施应保持清洁、完好。每年还需进行 1~2 次的土壤改良与土壤消毒工作，可在花坛换花期间进行。

3. 花坛装饰

花坛表面装饰可分为贴面装饰、砌体材料装饰与木料装饰 3 大类，在日常护理花坛时，应根据装饰所用材料的特征选择不同的护理方式。

花坛贴面装饰

贴面装饰是将块料面层镶贴到花坛表面基层上的一种装饰方法，常用材料有饰面砖、天然饰面板、人造石饰面板等。

木料装饰主要是用防腐木制作成花坛的形态，这种花坛具有自然气息，装饰效果比较独特，也可以购置成品木质花盆。

花坛木料装饰

砌体装饰主要是用砖、石块、卵石等砌筑成花坛的形态，在石材表面可以通过打钻路、扁光、钉麻钉等方式达到不同的装饰效果。

花坛砌体装饰